大规模强化学习中的新型函数近似技术研究

吴澄 编著

图书在版编目(CIP)数据

大规模强化学习中的新型函数近似技术研究 / 吴澄编著. -- 苏州：苏州大学出版社，2024.9. -- ISBN 978-7-5672-4936-3

Ⅰ. O174

中国国家版本馆 CIP 数据核字第 20244DL092 号

| 书　　名：大规模强化学习中的新型函数近似技术研究
| 　　　　　DAGUIMO QIANGHUA XUEXI ZHONG DE XINXING HANSHU JINSI JISHU YANJIU
| 编　　著：吴　澄
| 责任编辑：吴昌兴
| 装帧设计：吴　钰
| 出版发行：苏州大学出版社(Soochow University Press)
| 社　　址：苏州市十梓街1号　邮编：215006
| 印　　装：镇江文苑制版印刷有限责任公司
| 网　　址：www.sudapress.com
| 邮　　箱：sdcbs@suda.edu.cn
| 邮购热线：0512-67480030
| 销售热线：0512-67481020
| 开　　本：700 mm×1 000 mm　1/16　印张：7.75　插页：4　字数：127 千
| 版　　次：2024 年 9 月第 1 版
| 印　　次：2024 年 9 月第 1 次印刷
| 书　　号：ISBN 978-7-5672-4936-3
| 定　　价：42.00 元

凡购本社图书发现印装错误，请与本社联系调换。服务热线：0512-67481020

前　言

当今时代是信息化和智能化的时代，人工智能技术正以前所未有的速度改变着我们的生活方式和社会结构。在人工智能的众多分支中，强化学习作为一种重要的机器学习方法，因其在解决复杂决策问题中的卓越表现，受到了学术界与工业界的广泛关注，其中不乏AlphaGo与ChatGPT这样的世界热点话题与现象级应用。

一般意义上，强化学习的核心在于通过与环境交互来学习智能体如何针对外在环境采取行动，从而最大化问题决策中的累积奖励。然而，随着决策问题规模的不断扩大，传统的强化学习方法在处理高维状态空间和动作空间时面临的计算复杂度和存储需求的挑战也越来越大。因此，研究大规模强化学习中的新型函数近似技术，已成为当前学术界和工业界在该研究领域亟待解决的重要课题。本书正是在这一背景下应运而生的。笔者系统地总结了近年来在大规模强化学习领域取得的重要研究成果，特别是针对函数近似技术的创新型方法进行了深入探讨和细致阐述。书中不仅涵盖了经典的函数近似方法，如传统Tile编码与Kanerva编码近似，还基于笔者自身的研究引入了新的方法，如自适应函数近似技术、模糊逻辑函数近似技术和基于粗糙集的函数近似技术等。这些新型方法在处理复杂环境和大规模数据时，均展现出了强大的能力和广阔的应用前景。

本书结构清晰，层次分明，从强化学习函数近似的基础理论到具体应用，从算法设计到实验验证，环环相扣，并兼顾理论深度与实践指导。对于初学者，书中的基础概念和原理介绍，可以帮助他们在强化学习函数近似技术领域快速入门；对于有一定研究基础的读者，书中的前沿研究和创新方法将有助于他们开拓新的思路和方向；对于业内专家和从业者，书中包含的多个实际案例和实验分析，都将为他们研究实际问题提供参考借鉴。值得一提的是，笔者不仅在书中详细介绍了各类函数近似技术的原理和算法，还提供了大量的实验和实例，从不同复杂度的捕食者-猎物追逐问题的模拟到现实世界认知无线电网络应用，均展示出大规模函数近似技术在实际强化学习任务中的应用效果和性能表现。这种理论与实践相结合的写作方式，使得本书不仅具有较高的学术价值，同时也具备较强的实用性和指导性。希望本书的出版能够给读者带来启迪和帮助，也期待更多的读者能够从中受益，共同推动大规模强化学习技术的创新与发展。

本书在撰写、校对过程中，得到了王康伟、张瑾、王阳、谢华强、钱静雯、高佳莉、刘江的大力支持与帮助，在此表示衷心的感谢。

由于作者水平有限，书中难免有疏漏和不妥之处，恳请各位读者批评指正。

作　者
2024 年 5 月
于苏州大学

目 录

第一章　引言 ·· 001
　第一节　强化学习概述 ··· 002
　第二节　本书研究的背景和意义 ································· 004
　第三节　强化学习的应用领域 ··································· 009

第二章　自适应函数近似技术 ·································· 013
　第一节　传统函数近似技术的实验评估 ··························· 014
　第二节　访问频率与特征分布 ··································· 026
　第三节　基于Kanerva自适应机制的函数逼近技术 ·················· 029
　第四节　本章小结 ··· 036

第三章　基于模糊逻辑的函数近似技术 ·························· 038
　第一节　Kanerva编码应用于困难实例的实验评估 ·················· 041
　第二节　Kanerva编码中的原型冲突 ······························ 045
　第三节　自适应模糊Kanerva编码 ································ 050
　第四节　原型调整 ··· 056
　第五节　本章小结 ··· 063

第四章 基于粗糙集理论的函数近似技术 ………………………… 066
- 第一节 不同数量原型影响的实验评估 ………………………… 067
- 第二节 粗糙集和 Kanerva 编码 ………………………………… 069
- 第三节 基于粗糙集的 Kanerva 编码 …………………………… 079
- 第四节 不同初始原型数量的影响 ……………………………… 086
- 第五节 本章小结 ………………………………………………… 088

第五章 强化学习函数近似技术的应用：认知无线电网络 ……… 090
- 第一节 概述 ……………………………………………………… 090
- 第二节 基于强化学习的认知无线电 …………………………… 101
- 第三节 实验模拟 ………………………………………………… 105
- 第四节 基于强化学习的认知无线电函数近似技术 …………… 111
- 第五节 本章小结 ………………………………………………… 113

参考文献 …………………………………………………………… 115

第一章
引 言

机器学习是人工智能的一个领域,它能利用先验知识、已知经验和数据解决搜索问题。目前,已开发出许多强大的计算和统计范式,包括监督学习、无监督学习、试错学习和强化学习(reinforcement learning,RL)。

然而,机器学习技术很难准确解决具有大范围状态和动作空间的大规模问题。[1]针对这一问题,人们研究了各种解决方案,如降维、主成分分析、支持向量机[2]和函数近似等。

特别地,强化学习是最成功的机器学习范式之一,它可以从与外部环境交互获得的反馈中进行学习。与其他机器学习范式一样,强化学习的一个主要缺点是只对解决小问题效果良好,而对处理大规模问题则效果不佳。

函数近似是在强化学习中解决此类问题的一种有效技术。它不再通过传统的查表方法,亦不使用预存储的状态和行动空间中的点值,而是通过对所求值函数采样来构建该函数的近似函数,并根据近似函数计算状态期望的估计值。

在使用多种函数近似技术时,往往需要使用复杂的参数近似架构来获得期望值函数的良好估计。[3]近似架构是一种使用参数函数来近似状态或状态-动作值的计算结构,使用简单的近似架构设计往往会使估计值偏离期望值函数,并使智能体执行效率低下,因此一般需要采用复杂的参数近似架构。但不幸的是,复杂的参数架构也可能大大增加函数近似器本身的计算复杂度,降低计算效率。

此外,即使采用了复杂架构,大规模问题在实践中仍然难以解决,因此函数近似器成功的关键不仅在于参数近似架构的选择,还在于该架构下各种控制参数的选择。直到最近,这些选择依旧都是由设计者仅凭直觉、经验或手动试错做出的。

鉴于此,本书探讨了利用带有函数近似的强化学习解决大规模、高维度问题的方法。本书提出开发一种新颖的参数近似架构和相应的参数调整方法,以实现更好的学习性能。一个合理的参数近似框架应满足以下几个条件:①能提供精确的近似解;②可以实现局部的近似,即能适合特定的学习问题;③参数能够自动选择;④能够在线学习。

因此,本书首先回顾了强化学习和函数近似的相关工作,描述了它们的特点和局限性,并举例说明了它们的具体操作与计算方法,继而给出了笔者在相关研究领域的一些新尝试,并在后续章节中对这些方法进行了详细的比较与论证。

第一节 强化学习概述

强化学习的灵感来自生物学中的心理学习理论。其总体思路是,在特定环境中,智能体尝试执行最优行动,以最大化与环境交互获得的长期奖励。环境是一个特定问题领域的模型,通常可表述为马尔可夫决策过程(Markov decision process,MDP)。在强化学习问题中,状态是指智能体在环境中可以感知到的一些信息;动作是指智能体在特定时间、特定状态下的行为;奖励可以用来衡量对智能体在环境中特定状态下的动作的可取性。

经典的强化学习算法如下:在每个时间 t,智能体感知其当前状态 $s_t \in S$ 和可能的动作集 A_{s_t},智能体选择一个动作 $a \in A_{s_t}$ 并从环境中获得新的状态 s_{t+1} 和奖励 r_{t+1}。基于这些交互,强化学习智能体必须制定一种策略 $\pi: S \rightarrow$

A_{st}，使马尔可夫决策过程的长期奖励

$$R = \sum_{t} \gamma r_t$$

最大化，其中，$0 \leqslant \gamma \leqslant 1$ 是后续奖励的折扣因子，长期奖励是该策略的预期累积奖励。

强化学习的这种实现结构体现了三个重要特征：类人的学习框架、价值函数的概念和在线学习。这三个特征将强化学习与其他机器学习范式区分开来，但当它们设计不当时也会限制强化学习的有效性。

类人的学习框架用状态、行动和奖励来定义智能体与外部环境之间的交互，这使得强化学习有潜力解决人类所能解决的问题类型。但这些问题在实际应用中往往会涉及大量的状态和行动。遗憾的是，传统强化学习的性能对状态和行动的数量非常敏感，即当状态数与行动数过大时，强化学习自身的性能可能出现较明显的劣势。

价值函数决定了智能体预计在未来获得的累积奖励。奖励决定了一个动作在当前状态下的直接和短期价值，而价值函数则给出了一个行动在后续状态下的累积预期和长期价值。

价值函数的概念将强化学习与进化方法区分开来。[4]进化学习的目标在于通过拟态种群与价值函数模拟进化过程以实现对策略空间最值点的搜索，而价值函数不是通过进化评估直接搜索整个策略空间，而是通过累积延迟奖励来评估动作在当前状态下的可取性。在强化学习中，价值函数的准确性和效率与强化学习器的性能密切相关。

在一个在线学习系统中，学习和对学习系统的评估是同时进行的。然而，为了保持这种并发性，强化学习器必须尽可能快地计算出状态-动作值。对于较大的状态-动作空间，存储状态-动作值可能需要大量内存。因此，有必要减小状态-动作空间表格的大小。

最成功的强化学习算法之一是 Q-learning。Q-learning 是一种无模型的强化学习算法，属于一种离线策略（off-policy）学习方法，这意味着它能够学习当前策略外的最优策略。Q-learning 的目标是找到一个策略，这个策略能

够在任何给定的状态下选择能够最大化未来累积奖励的行动。Q-learning 算法的核心是维护一个 Q 值表(Q-table),表中的每一项 $Q(s,a)$ 代表在状态 s 执行动作 a 时所能获得的预期总回报。Q 值是通过迭代更新来逐渐逼近真实值。Q-learning 的核心目的是在遵循最优策略的情况下,预估从某状态开始执行某动作可以得到的未来累积奖励的期望值。在时间 t,对于每个状态 s_t 和每个动作 a_t,通过相应算法计算其预期折扣奖励的更新值:

$$Q(s_t,a_t) \leftarrow Q(s_t,a_t) + \alpha_t(s_t,a_t)[r_t + \gamma \max_a Q(s_{t+1},a) - Q(s_t,a_t)]$$

式中,r_t 为时间 t 的即时奖励,$\alpha_t(s_t,a_t)$ 为学习率且 $0 \leqslant \alpha_t(s_t,a_t) \leqslant 1$,$\gamma$ 为折扣因子且 $0 \leqslant \gamma \leqslant 1$。Q-learning 方法会将状态-动作值存储在一个 Q 值表格中。

因为每个状态-动作对都存储估计值的要求限制了 Q-learning 可以解决或学习问题的规模和复杂性。当状态-动作空间的维度很高,或者状态与动作空间基于连续变量时,Q-learning 表通常都很大。在该情况下,函数近似法是解决这一问题的一种有效方法,它通过数值的估计与近似使得存储整个状态-动作空间 Q 值表成为可能。

第二节 本书研究的背景和意义

大多数强化学习器使用表格表示值函数,强化学习器将每个状态或每个状态-动作值存储在表格中。然而对于许多具有连续状态空间或非常大且高维的离散状态和动作空间的实际应用来说,这种方法并不可行。

这种不可行性由两方面原因导致。首先,表格表示法只能用于解决具有少量状态和动作的任务。这种困难既来自存储大型表格所需的内存,也来自准确填写表格所需的时间和计算效率。其次,在实际应用中遇到的大多数精确状态-动作对可能从未遇到过。由于经常没有可用于区分动作的状态-动作值,在这些问题中学习的唯一方法就是将以前遇到过的状态-动作对泛化到以前从未访问过的状态-动作对,这就必须考虑如何利用有限的状态-动作子空间来近似大范围的状态-动作空间。

函数近似法被广泛用于解决具有大状态和动作空间的强化学习问题。一般来说,函数近似是利用邻近点的已知值对搜索空间中未访问点的值进行插值。在强化学习器中,函数近似是根据邻近状态-动作对的已知函数值推算出之前未访问过的状态-动作对的函数值。

函数近似的典型实现方法使用了线性梯度下降。在该方法中,状态-动作对的近似值函数表示为 $V(sa)$,它是参数向量 $\boldsymbol{\theta}$ 的线性函数。因此,近似值函数为

$$V(sa) = \boldsymbol{\theta}^\mathrm{T} \boldsymbol{\varphi}_{sa} = \sum_{i=1}^{n} \theta(i) \varphi_{sa}(i)$$

式中, $\boldsymbol{\varphi}_{sa} = (\varphi_{sa}(1), \varphi_{sa}(2), \cdots, \varphi_{sa}(n))$ 是一个与 $\boldsymbol{\theta}$ 具有相同元素个数的特征向量。这种近似也可以看作是多维状态-动作空间到低维特征空间的投影。参数向量是一个具有实值元素的向量,即 $\boldsymbol{\theta} = (\theta(1), \theta(2), \cdots, \theta(n))$。对于任意状态-动作对 $sa \in SA$ 来说, $V(sa)$ 是 $\boldsymbol{\theta}$ 的光滑可微函数。假设在每一步 t 中,观察到一个新的状态-动作对 sa_t,其奖励为 v_t。函数近似时,参数向量会向着最能减少该状态-动作对的均方误差(mean square error,MSE)的方向进行少量调整:

$$\boldsymbol{\theta}_{t+1} = \boldsymbol{\theta}_t + \alpha [v_t - V(sa_t)] \nabla_{\boldsymbol{\theta}_t} V(sa_t)$$

式中, α 为大于 0 的步长参数, $\nabla_{\boldsymbol{\theta}_t} V(sa_t)$ 为偏导数向量,即 $\left(\dfrac{\partial V(sa_t)}{\partial \theta_t(1)}, \dfrac{\partial V(sa_t)}{\partial \theta_t(2)}, \cdots, \dfrac{\partial V(sa_t)}{\partial \theta_t(n)} \right)$。这个导数向量是 $V(sa_t)$ 相对于 $\boldsymbol{\theta}_t$ 的梯度。这种方法的一个优点是, $\boldsymbol{\theta}_t$ 的变化与所遇到的状态-动作对的均方误差的梯度成正比,也就是误差下降最快的方向。

这种函数近似的技术方法存在两个影响其行为模式的重要特征。首先,近似值函数是这些特征的线性函数,并且特征的选择会直接影响近似表示的准确性。在强化学习中,可以从这些预先选择的特征中推理出以前未遇到过

的状态-动作对。然而,大规模或复杂问题中潜在特征类型的多样性会给特征选择带来困难。

其次,近似值函数实际上是从大目标空间到有限特征空间的投影,投影的完整性取决于特征感受野的形状和大小。在强化学习中,一组特征的感受区可以跨越大规模状态-动作空间。具有大区域的特征可以提供较广的泛化范围,但无法保证其精度,可能使近似函数的表示更加粗糙,甚至只能进行粗略的区分。而具有小区域的特征只能提供较窄的泛化范围,这可能会导致许多状态超出所有特征的感受野。对于特定的应用领域来说,选择感受野的形状和大小往往是很困难的。

近年来,人们研究了一系列函数近似技术。根据上述两个关键特征,这些技术可分为三类:基于自然特征的函数近似技术、基于基函数的函数近似技术与基于稀疏分布式存储器(sparse distributed memory,SDM)的函数近似技术。

一、基于自然特征的函数近似技术

对于每个应用领域,都有可以描述状态的自然特征。例如,在网格世界的一些追及问题中,可能会有位置、视觉尺度、内存大小、通信机制等自然特征或与问题直接相关的直观特征。选择这些自然特征作为特征向量的组成部分是为函数近似器增加先验知识的重要方法。

在使用自然特征进行函数近似时,特征的 θ 值表示该特征是否存在。θ 值在整个特征感受野内保持不变并在边界处急剧下降为零。这些感受区可能会重叠。大的区域可以给出宽而粗的泛化,而小的区域可以给出窄而细的泛化。

使用自然特征进行函数近似的优势在于,近似函数的表示方法简单易懂。自然特征可以人为或手动选择,并根据设计者的直觉调整其感受野。但这种函数近似技术也存在局限性,其局限性主要在于无法处理连续的状态-动作空间或高维的状态-动作空间。对于基于自然特征的函数近似技术来说,特征数量对近似函数的辨别能力影响最大。增加特征数量可以更精细地划分状态-动作空间,但也可能相应地增加算法的计算复杂度。一般来说,要精确地近似连续状态-动作空间和高维的状态-动作空间,需要更多的特征,并且这些所需特征的数量会随着状态-动作空间的维数呈指数增长。

利用自然特征进行函数近似的一种典型技术是 Tile 编码技术。这种方法是粗编码的扩展,也被称为"小脑模型关节控制器"或 CMAC。在 Tile 编码中,选择 k 个 tilings,其状态-动作空间被分割成 tiles,每个特征的感受野对应一个 tile,每个 tile 保有一个 θ 值。若 tile 的感受野包括 p,则状态-动作对 p 与该 tile 相邻。状态-动作对的 Q 值等于所有相邻 tiles 的 θ 值之和。在二进制 Tile 编码中,当状态-动作空间由离散值组成时,每个 tiling 对应于状态-动作空间中位置的子集,并且每个 tile 对应选定位置的二进制值分配。

二、基于基函数的函数近似技术

对于某些问题,若 θ 值可以连续变化并表示特征存在的程度,则可以获得更精确的近似值。基函数可用于计算这种连续变化的 θ 值。基函数可以手动设计,近似值函数是由这些基函数组成的函数。在这种情况下,函数近似使用基函数来评估每个特征的存在,然后对这些值进行线性加权。

在使用基函数进行函数近似时,特征的感受野取决于该特征的基函数参数。这些参数可以控制感受野的大小、形状和强度。一般来说,特征的 θ 值可以在整个特征感受野内变化。

利用基函数进行函数近似的一个优势在于,近似后的函数是连续且灵活的。每个基函数都有自己的参数,可以更精确地表示整个状态-动作空间的值函数。但是这种函数近似技术有两个困难。第一个困难是难以选择基函数参数。函数组合的系数通常是通过使用测试实例训练求解器来学习的,而基函数本身的参数则需要人工调整。当状态和动作空间的维数非常大时,手动调整可能会极为困难。第二个困难是基函数无法处理高维的状态-动作空间。由于难以手动调整基函数,所以它很难应用于超过 12 维的连续问题。此外,近似一个状态-动作空间所需的基函数的数量可能是空间维数的指数倍,这导致近似高维状态-动作空间所需的基函数的数量非常大。

使用基函数的典型函数近似技术是径向基函数网络(radial-basis function networks,RBFN)。在 RBFN 中,一般选择一系列高斯曲线作为特征的基函数。特征 i 的每个高斯基函数 φ_i 都有一个中心 c_i 和宽度 σ_i。给定一个任意的状态-动作对 s,该状态-动作对相对于特征 i 的 Q 值为

$$\varphi_i(s) = e^{-\frac{\|s-c_i\|^2}{2\sigma_i^2}}$$

状态-动作对相对于所有特征的总 Q 值是所有特征的 $\varphi_i(s)$ 值之和。

径向基函数实际上是一个实值函数,其函数值只取决于样点与中心的距离。它也可以被视为模糊函数的一种,从这个意义上来说,RBFN 代表了一种模糊函数近似技术。但 RBFN 是从二进制特征粗编码到连续特征的自然泛化。典型的 RBFN 特征表示状态-动作空间某些维度的信息,而不是所有维度的信息,这限制了 RBFN 有效近似大规模、高维状态-动作空间的能力。

三、基于 SDM 的函数近似技术

众所周知,使用自然特征或基函数进行函数近似并不能很好地扩展到大型问题域且需要用到较多的先验知识,这两种方法并不适合高维的问题域,因此本书转而寻求一类可以构造近似函数而不限制状态-动作空间维度的特征。SDM 给出了这样一类特征,这些特征通常不是自然特征,而是从整个状态和动作空间中选取的一组状态-动作对。

在使用 SDM 进行函数近似时,每个感受野通常使用与状态-动作空间中特征位置相关的距离阈值来定义。与特征相关的状态-动作对的 θ 值在特征感受野内是恒定的,而在该区域外则为零。

使用 SDM 结构进行函数近似的一个优势是,其结构特别适合高维问题域。它的计算复杂度完全取决于原型的数量,而不是状态-动作空间维度的函数。

这种技术的局限性在于需要更多的原型来近似复杂问题域的状态-动作空间,并且使用 SDM 进行函数近似的效率对原型的数量很敏感。[5] 即使使用了足够多的原型,使用 SDM 的强化学习器的性能往往也可能很差且不稳

定。[6]目前,还没有已知的机制可有效保证算法的收敛性。

Kanerva 编码是在强化学习的函数近似中实现 SDM 的一种方法。其选择了一系列状态-动作对原型,每个原型对应一个二进制特征。若一个状态-动作对和一个原型的按位表示相差不超过阈值位数,则称它们为相邻的。状态-动作对表示为二进制特征集合,当且仅当相应的原型相邻时,每个特征都等于 1。每个原型都有一个值 $\theta(i)$,状态-动作对的近似值就是相邻原型的 θ 值之和。通过这种方式,Kanerva 编码可以大大减少需要存储的 Q 值表的大小。

第三节　强化学习的应用领域

本书应用强化学习中的近似技术研究来解决两个应用领域的实际问题。这两个领域分别是捕食者-猎物追逐域和认知无线电网络域。

捕食者-猎物追逐域于 1986 年被提出,是多智能体系统的一个典型例子。基于该领域的问题已通过多种方法得到解决[7],它还有许多不同的版本可用于说明不同的多智能体场景。捕食者-猎物追逐域的一般版本发生在一个矩形网格上,网格中有一个或多个捕食者智能体和一个或多个猎物智能体,每个网格单元要么是开放的,要么是封闭的,智能体只能占据开放的单元,且每个智能体都有一个初始位置。解决问题按时间段顺序进行。在每个时间段内,每个智能体都可以移动到距离当前位置一个水平或垂直步长的相邻开放单元,也可以留在当前单元。假设所有移动同时发生,并且多个捕食者智能体不会同时占据同一个单元。捕食者智能体的目标是在最短时间内捕获猎物智能体。

通过选择不同数量的捕食者和猎物、以不同方式定义捕获及设置每个智能体的可见范围,可以完全指定该域。通常研究的追逐域有两个或更多捕食者和一个猎物;当一个捕食者智能体和一个猎物智能体处于同一单元或所有捕食者智能体包围一个猎物智能体时,就会发生捕获;智能体的可见范围可以是全局的,也可以是局部的(有限的)。

一般来说,追逐问题很难解决,与之类似的问题已被证明是 NP 完备 (non-deterministic polynomial complete)[8]的。研究人员使用遗传算法和强化学习等方法来设计解决方案。人们已经找到了该问题部分有限版本的封闭式解决方案,但此类问题大多数仍未得到解决。

因此,本书围绕强化学习与其中的关键函数近似技术的研究进展进行了详细的介绍与阐述,并依据其中不同类型的典型函数近似技术进行了章节的安排,具体涉及的内容如下:

(1) 第二章详细评估并比较了两种典型函数近似技术——Tile 编码和 Kanerva 编码在捕食者-猎物追逐域的表现。经验表明,在强化学习器中应用传统的函数近似技术并不能带来良好的学习效果。本书认为,所有特征的访问频率分布不均匀是导致学习效果不佳的关键因素。因此,本书首先介绍了基于原型删除和生成的改进自适应 Kanerva 函数近似算法。研究表明,概率原型删除和原型分割提高了测试实例的求解率。这些结果表明,本书的方法可以显著提高所获结果的质量并减少所需的原型数量。由此可得出结论,使用基于频率的原型优化的自适应 Kanerva 编码可以大大提高基于 Kanerva 的强化学习器解决大规模多智能体问题的能力。

本章的贡献在于:①自适应 Kanerva 函数近似方法可以记录某个特征的访问频率并评估收敛学习过程中所有特征的访问频率分布;②解释所有特征的访问频率分布不均匀及学习效果不佳的原因;③提出使用基于频率的原型优化的自适应 Kanerva 函数近似,这是概率原型删除和原型分割的一种改进形式。

(2) 第三章评估了捕食者-猎物追逐问题的一类困难实例。结果表明,使用自适应函数近似的性能仍然很差。本书认为这种表现是由频繁的原型冲突造成的,证明了动态原型分配和调整可以部分减少这些冲突,并给出比传统函数近似更好的结果。为了彻底消除原型冲突,本书介绍了一种基于 Kanerva 函数近似的新型模糊方法,该方法使用细粒度的模糊成员等级来描述状态-动作对与每个原型的邻接关系。这种方法与自适应原型分配相结合,使求解器能够区分成员向量并降低冲突率。此外,降低状态-动作对的成员向量之间的相似性可以获得更好的结果。本书使用最大似然估计调整基函数的方差并调整原型的感受野。最后得出的结论是，与纯粹的自适应 Kanerva 算法相比，带有原型调整的自适应模糊 Kanerva 方法具有更好的性能。

本章的贡献在于：①介绍原型冲突并分析产生原型冲突的原因；②解释频繁的原型冲突是降低函数近似性能的关键因素；③提出基于模糊 Kanerva 的函数近似，并结合自适应原型分配；④揭示状态-动作对的成员向量之间的相似性与原型冲突有相似的影响；⑤提出降低状态-动作对的成员向量之间相似性的原型调整方法。

（3）第四章通过将基于频率的原型优化的自适应 Kanerva 编码应用于解决捕食者-猎物追逐问题的一类困难实例来评估其性能。研究发现，性能不佳的原因在于原型选择不当，包括原型的数量和分配不当。虽然自适应 Kanerva 编码可以通过动态分配原型获得更好的结果，但原型的数量仍然难以选择，而且由于原型数量不当，性能仍然很差。随后介绍了一种改进的基于粗糙集的 Kanerva 函数近似方法。这种方法利用粗糙集理论（rough set theory）重构原型集并在 Kanerva 编码中实现，同时利用等效变换的结构来解释原型冲突是如何发生的。它通过用约简替换原始原型集来消除不必要的原型，并通过拆分具有两个或更多状态-动作对的等价类来减少原型冲突。实验证明，基于粗糙集的原型优化可以自适应地选择有效数量的原型。最后得出结论：使用基于粗糙集的原型优化的自适应方法可以大大提高基于 Kanerva 的函数近似器解决大规模问题的能力。

本章的贡献在于：①引入粗糙集理论来重构原型集，并在 Kanerva 编码中加以实现；②利用等效的结构解释原型冲突是如何发生的；③提出使用基于粗糙集原型优化的自适应 Kanerva 的函数近似，这是一种基于约简的原型删除和基于等价类的原型生成形式。

（4）第五章将基于 Kanerva 函数近似的强化学习应用于解决认知无线电领域的实际应用问题。认知无线电网络技术于 1999 年提出，是一种新型的无线通信范式。其基本思想是，一旦检测到许可设备（也称为主用户），未许可设备（也称为认知无线电用户）需要腾出频段。由于可用频谱波动很大，而且服务质量（quality of service, QoS）要求各不相同，认知无线电网络面临着巨大的挑战。特别是在认知无线电自组织网络中,分布式多跳架构、动态网络拓扑,以及因时间和地点而异的频谱可用性是关键的区别因素。

由于认知无线电网络必须根据有限的环境信息适当选择、调整传输参数,因此它必须能够从经验中学习并调整其功能。为应对这一挑战,必须采用新颖的设计技术,同时将强化学习和多智能体交互的理论研究与系统级网络设计相结合。本书首先介绍了基于多智能体强化学习的频谱管理。研究发现,基于强化学习的方法在小型拓扑网络中效果良好,而在大型拓扑网络中表现不佳。本书认为,认知无线电网络性能的下降是网络规模不断扩大的结果。在该情况下,本书应用了基于 Kanerva 的函数近似技术,为大规模认知无线电网络扩展了基于强化学习的频谱管理方法。通过评估其对通信性能的影响,发现函数近似可以有效减少大型网络所使用的内存并且性能损失很小。因此,得出结论:基于强化学习的频谱管理和基于 Kanerva 的函数近似技术可以显著减少对许可用户的干扰,同时在认知无线电自组织网络中保持较高的成功传输概率。

鉴于强化学习在认知无线电网络中的应用,本书的贡献在于:①提出一种基于多智能体强化学习的频谱管理方法;②证明认知无线电网络性能的急剧下降是网络规模增大的结果;③应用基于 Kanerva 的函数近似技术扩展基于强化学习的频谱管理。

第二章
自适应函数近似技术

在处理具有广泛状态空间的学习问题时,如多智能体环境,研究人员将面临极大的挑战。这类问题的一个主要瓶颈是,由于状态-动作空间的膨胀,传统的强化学习方法在存储和管理状态-动作值的查找表时遇到了限制。这种限制不仅影响解决问题的规模,也影响解决方案的复杂度。为了克服这些困难,函数近似技术通常作为一种减少所需存储表格大小的方法被引入。通过函数近似,可以存储整个近似表示的查找表,从而在保留必要信息的同时减少占用的内存。

但是,大多数强化学习算法在处理规模庞大、维度高或具有连续状态-动作空间的领域时,使用函数近似的效果往往不佳。为了评估和提升函数近似在大规模问题中的应用效果,本章深入探讨了几种常用的函数近似技术,并对其有效性进行了严格评估。

本章的讨论首先集中在 Tile 编码和 Kanerva 编码两种技术在捕食者-猎物追逐域中应用的效果。通过这些技术,本章试图展示强化学习器在该领域中的表现,并指出其潜在的局限性。值得关注的是,非均匀的特征分布可能会对学习效果产生负面影响。为了应对这一挑战,本章进一步探索了一类自适应机制。这些机制通过动态调整特征的生成与删除来适应特征的访问频率,旨在优化学习器的表现。

结合理论与实验分析，本章提出了自适应函数近似策略，并证明了它们在学习效率和性能方面的优势。相较于传统的函数近似方法，自适应机制提供了一种更加灵活和高效的方式来处理大规模和复杂的强化学习问题。本章的研究表明，通过精心设计的自适应机制，强化学习系统能够更有效地管理其资源，从而获得更加快速和稳定的学习过程。

第一节　传统函数近似技术的实验评估

Tile编码和Kanerva编码作为强化学习领域内两种主流的函数近似方法，它们各自在多个应用场景中展示了其独特的优势与有效性。[5]这两种技术通过将连续或大规模的状态-动作空间转换为更易于管理和学习的表示形式，进而强化学习算法使得快速学习与收敛的实现成为可能。特别地，Tile编码通过覆盖状态空间的重叠或不重叠的"瓦片"来离散化状态-动作空间，而Kanerva编码则利用稀疏分布的高维特征空间来表示状态-动作对，从而使得算法能够在这些离散或压缩的空间内有效学习。

尽管这些方法在处理规模较小、结构相对简单的状态-动作空间时证明了其有效性，能够获得良好的学习性能和较快的收敛速度，但是随着状态-动作空间的扩大，特别是在应对复杂或高度非线性的问题实例时，这些方法的性能表现可能会受到限制。一些实证研究已经指出，在大规模或困难的状态-动作空间中，依赖Tile编码和Kanerva编码的强化学习系统可能会遭遇性能瓶颈，这主要是因为这些函数近似方法在设计上无法充分适应高维度和高复杂度带来的挑战。

鉴于此，本研究深入探讨了状态-动作空间规模增长对传统函数近似方法（特别是Tile编码和Kanerva编码）效率的影响。通过系统地分析和比较在不同规模的状态-动作空间中这两种编码方法的学习性能，本章旨在揭示这些函数近似技术在处理复杂强化学习任务时可能遇到的局限性，并探索潜在的改进途径。

本章的研究旨在基于一系列模拟不同复杂度和规模的状态-动作空间的实验设计,全面评估 Tile 编码和 Kanerva 编码在这些环境下的表现。通过对比分析在标准和困难实例中这些方法的性能,验证对应算法的优劣。本研究不仅关注收敛速度和学习效率,也深入考察了这些方法在面对环境变化和未知情况时的适应性与鲁棒性。

本节将详细阐述该研究,即提供一种系统性方法来评估和比较 Tile 编码和 Kanerva 编码在不同规模状态-动作空间应用中的效率与有效性。通过识别这些方法在处理大规模和复杂问题时的局限性,为强化学习领域内的函数近似技术的发展提供实证基础和理论支持,从而实现更为高效和更强适应性的算法设计。

一、应用程序实例

在探讨复杂的多智能体交互问题如捕食者-猎物追逐时,强化学习提供了一个强有力的框架来解决此类问题。捕食者-猎物追逐问题是多智能体系统研究中的经典问题,它不仅提供了一个被学界广泛认可的测试平台,而且由于其状态-动作空间的可扩展性,它也适用于研究、测试在不同复杂度级别的学习效率。

第一章描述了捕食者-猎物追逐问题的基础设置,并指出了状态-动作空间的扩展可能导致问题求解的困难增加。本研究的实验环境是一个二维矩形网格,追逐发生在一个 $n \times n$ 的矩形网格上,它由开放单元和数量为 n 的随机放置的封闭块组成。这样的设置模拟了一个离散的、有障碍的空间,网格中的每个开放单元都代表了智能体可能占据的一个状态。在这个空间中,每个捕食者智能体需要在被随机放置后,通过其状态空间导航,以达到猎物的位置。图 2-1-1 显示了一个尺寸为 32×32 的网格世界,图中三角形为捕食者智能体,空心方格为猎物位置。

为了对不同复杂性水平的策略求解效率进行评估,设计了简单、中等和困难三种不同难度的实验实例。简单的实例设定了直接的奖励机制和静态的猎

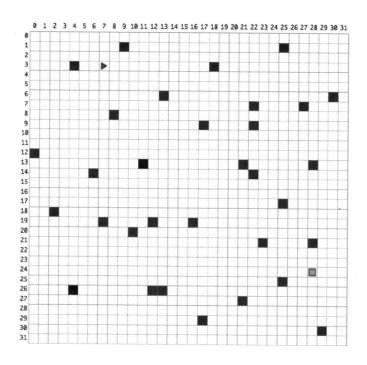

图 2-1-1　尺寸为 32×32 的网格世界

物,其中奖励与捕食者到猎物的距离成正比,而猎物保持不动。困难的实例使用间接奖励和随机移动的猎物,即捕食者智能体在到达猎物占据的单元时会得到 1 的奖励,而在其他单元则会得到 0 的奖励,捕食者试图捕捉随机移动的猎物。

本章采用 Q-learning 算法,并结合 Tile 编码和 Kanerva 编码这两种传统的函数近似技术,来处理在不同难度级别的网格环境中的捕食者-猎物追逐问题。同时,将网格从小到大进行变化,以测试学习算法在不同规模的问题中的性能。

实验的设计旨在全面评估每种学习算法在各种条件下的表现。每个实验设置包含了 40 个随机生成的训练实例及 40 个用于测试的实例。通过设置固定的探索率为 0.3,并在实验中不断调整以达到最优表现,确保算法能够充分探索状态空间。学习率初始设为 0.8,并且在每个迭代次数后按 0.995 等比例递减,以平衡探索和利用。为了评估学习效率,每 40 个迭代记录了解决测试实例所需步骤的平均数,并计算平均得分和标准偏差。为了确保结果的可靠性,每个实验都重复了三次,并展示了最终的平均值。

实验结果表明,在所有运行中,算法均在 2 000 个迭代次数内收敛。这些实验不仅展示了函数近似技术在大规模问题中的应用潜力,而且为自适应函数近似方法提供了实验基础,以便在后续章节中进一步探讨其在提高学习效率方面的优势。

二、传统 Tile 编码的性能评估

Tile 编码,也被称为瓦片编码,是一种广泛使用的函数近似方法,特别适合强化学习算法中处理具有连续或非常大的状态空间时使用。该方法通过一种特殊的多尺度离散化技术来构建特征表示,从而使学习算法能够有效地泛化从一组状态-动作对到另一组的学习经验。

具体而言,Tile 编码将连续的状态空间划分为多个重叠的网格,这些网格被称为"tilings"。每个 tiling 可以被视为状态空间的一个分层,而每个分层中的瓦片(tile)则代表了该分层的一个局部区域。每个 tile 对应于一组状态变量的特定区间,而整个 tiling 则覆盖了整个状态空间。多个 tilings 以不同的方式重叠和位移,保证了每个状态-动作对在多个层级上被编码,这样的冗余设计增强了编码的表达能力和泛化性。

在实施 Tile 编码时,每个 tiling 常由相同数量的 tiles 组成,但每个 tiling 相对于其他 tiling 会有一个微小的偏移。这种偏移确保了同一状态-动作对可以在不同的 tilings 上以不同的方式表示。每个 tiling 贡献的特征是二元的,即状态-动作对存在于某个 tile 内时该特征为 1,否则为 0。这些二元特征组合成一个高维的特征向量,它为每个状态-动作对提供了一个独特的表示。

利用合适的学习算法,如 Q-learning 或 SARSA,每个特征的权重可以通过试错(trial-and-error)经验被学习和调整,以近似状态-动作对的值函数。由于 Tile 编码具有多层次的、重叠的表示优势,即使在复杂的环境中,学习

算法也能够在观察到有限的数据后,迅速地泛化到新的、未探索的状态空间。

此外,Tile 编码通过精心设计的 tilings 布局和数量,可以有效平衡泛化能力和学习算法的分辨率,使其能在保持较高精度的同时减少计算和存储需求。然而,设计最优的 tiling 结构是一个复杂的问题,它依赖于特定的学习任务和状态空间的性质。实践中通常需要由经验和实验来确定最适合特定问题的 Tile 编码参数,包括 tilings 的数量、大小和偏移量。

在评估传统 Tile 编码作为一种函数近似器在强化学习任务中的性能时,通常关注以下几个核心的性能指标。

(1) 收敛速度(convergence rate)。这是衡量算法学习效率的关键指标,定义为算法达到某个预定的性能水平或最优策略的速度。在 Tile 编码的环境中,收敛速度可以通过跟踪学习过程中价值函数的变化率或最优策略被识别的迭代次数来评估。

(2) 学习稳定性(learning stability)。学习稳定性指的是学习过程中性能的波动幅度。在 Tile 编码中,由于状态表示的离散化和编码的重叠,稳定性是一个特别重要的考量,以确保学习过程不会由于近似误差而出现分散。

(3) 泛化能力(generalization capability)。泛化是指学习模型能够将在一部分状态-动作对上学到的知识应用于未见过的状态-动作对的能力。在 Tile 编码中,泛化能力取决于 tilings 的配置,包括它们的重叠程度和布局策略。

(4) 计算和空间复杂性(computational and spatial complexity)。这个指标考虑了实施 Tile 编码所需的计算资源和内存空间。尽管 Tile 编码是被设计来减少状态-动作空间的存储需求的,但不同的配置可能对计算资源有不同的要求。

(5) 求解质量(solution quality)。求解质量通常通过最终策略的效果来评估。例如,在追逐-逃避任务中,它可以是捕食者捕获猎物的频率。这也可以通过比较学习到的策略和已知最优策略之间的差异来衡量。

(6) 鲁棒性(robustness)。鲁棒性指的是算法对初始化参数、目标函数的变化和环境的动态变化的敏感度。理想情况下,一个鲁棒的 Tile 编码策略应对这些因素的变化有较强的适应能力。

(7) 样本效率(sample efficiency)。样本效率指的是在有限的交互次数下,算法能够利用有限的样本数据进行有效学习的能力。样本效率高的算法可以在少量数据上快速有效地学习,这对于实际应用中数据获取成本较高的任务尤为重要。

以上这些指标可以单独或综合使用,以全面评估 Tile 编码在各种环境中的性能。在进行实验时,研究者会通过多次实验和统计分析来确保评估结果的可信度与可重复性。此外,标准差和置信区间的计算也常用于估计结果的可靠性和泛化误差。通过对这些性能指标的深入分析,能够了解 Tile 编码的局限性,并促进函数近似器的进一步优化和改进。

在强化学习领域,Tile 编码是一种常用的函数近似方法,它允许学习算法有效地处理大型状态-动作空间。该方法的核心思想是将状态-动作对映射到一个高维空间,其中每个维度由一系列二进制位组成。具体来说,Tile 编码使用了多个重叠的结构,称为 tilings,其中每个 tiling 都是由位置组成的三元组定义。[9] 每个 tile 代表了状态空间中的一个区域,它通过为每个三元组位置分配相应的值来实现。

如图 2-1-2 所示,本研究所采用的 Tile 编码方式是随机选择 tiles 来构建每个 tiling。这种随机化的方法增加了编码的多样性,并可能有助于提高学习算法的泛化能力。为了探索 Tile 编码在不同状态-动作空间规模下的效能,本研究实验性地调整了 tiles 的数量,以适应不同维度空间的需求。具体而言,随着状态-动作空间维度的增加,将 tiles 数量更改为以下值:300、400、600、700、1 000、1 500、2 000 和 2 500,以评估其在不同状态-动作空间维度下的性能。

本章使用 Tile 编码来解决简单的追踪实例。表 2-1-1 显示了随着 tiles 数量和网格大小的变化,使用传统 Tile 编码的 Q-learning 所解决实例的平均求解率。表中的值代表求解率的最终收敛值。结果表明,随着 tiles 数量的增加,$8×8$ 网格的测试实例的平均求解率从 67.8% 增加到 98.2%,$16×16$ 网格的测试实例的平均求解率从 30.1% 增加到 84.6%，32×32 网格的测试实例的平均求解率从 6.0% 增加到 38.6%。

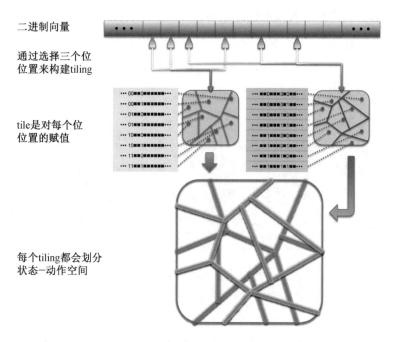

图 2-1-2　tiling 的实现

表 2-1-1　使用传统 Tile 编码的 Q-learning 的测试实例的平均求解率

原型数量	不同网格大小的平均求解率		
	8×8	16×16	32×32
300	67.8%	30.1%	6.0%
400	69.2%	47.6%	9.9%
600	75.3%	51.7%	17.2%
700	81.3%	56.5%	20.1%
1 000	90.7%	64.4%	24.7%
1 500	94.9%	71.1%	29.3%
2 000	97.1%	80.9%	33.6%
2 500	98.2%	84.6%	38.6%

图 2-1-3 显示了当网格大小从 8×8 到 32×32 变化时,使用具有 2 000 个 tiles 的传统 Tile 编码的 Q-learning 的测试实例的平均求解率。图中显示了求解器如何随着迭代次数的增加而收敛。随着网格大小的增加,测试实例的平均求解率从 97.1% 降至 33.6%。

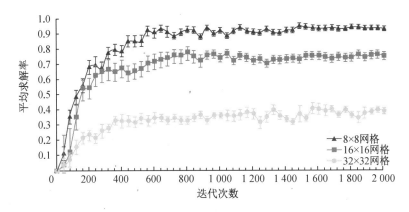

图 2-1-3 传统 Tile 编码的 Q-learning 的测试实例的平均求解率

这些结果表明,当网格大小从 8×8 变化到 32×32 时,使用传统的 Tile 编码方法,在所有 tiles 数量上的测试实例的平均求解率都会急剧下降。在所有尺寸的网格中,tiles 的数量对测试实例的平均求解率都有很大影响。

三、传统 Kanerva 编码的性能评估

Kanerva 编码,又称为稀疏分布式记忆,是一种基于高维空间向量的表示方法,由彭蒂·卡纳瓦(Pentti Kanerva)在 20 世纪 80 年代提出。该编码方法是从认知科学的角度出发,模拟人脑存储和记忆的机制,尤其能够提高在处理大规模和复杂的模式识别任务时的效率。Kanerva 编码特别适用于强化学习环境,这需要从高维度的连续状态空间中提取泛化策略。

Kanerva 编码使用一个由随机生成的原型点组成的高维二进制向量空间来表示状态-动作对。这些原型点构成了记忆的基础,每个点可以看作高维空间中的一个坐标。一个特定的状态-动作对会激活与之最近[通常使用汉明(Hamming)距离或欧几里得距离衡量]的一小部分原型点,这样,整个记忆空

间可以高效地用于存储和检索信息。

在 Kanerva 编码中,状态空间不是被均匀划分,而是以一种稀疏和分布式的方式表示,这使得编码能够有效处理大规模和高维度的数据。这种稀疏性是通过使用比状态空间维数多得多的原型点来实现的,从而确保了任何给定状态都能找到足够的近邻原型点。

在强化学习中,Kanerva 编码被用作函数近似器来估计状态-动作对的价值函数。强化学习任务通常涉及一个智能体在环境中采取行动以最大化累积奖励。当状态空间过大或为连续时,直接学习每个状态的价值是不现实的。Kanerva 编码通过将状态空间投影到一个高维空间的稀疏表示中,允许智能体学习那些经常遇到的状态的价值的同时,对未遇到的状态进行泛化估计。

在评估传统 Kanerva 编码作为一种函数近似器在强化学习任务中的性能时,通常关注以下几个核心的性能指标。

(1) 稀疏性表示(sparsity of representation)。稀疏性表示涉及激活原型点的数目相对于向量空间总维数的比例。在强化学习中,一个高效的稀疏编码能够降低计算需求,并提高信息处理的效率。

(2) 空间覆盖(coverage of space)。这一指标描述了 Kanerva 编码中原型点分布的广泛性,以及它们如何覆盖整个状态空间。良好的空间覆盖保证了状态空间的各个区域都能被原型点近似表示。

(3) 准确性(accuracy)。准确性是衡量 Kanerva 编码对状态-动作值函数近似的精确度。它通常通过比较学习到的值函数与真实值函数之间的差异来评估。

(4) 泛化能力(generalization capability)。泛化能力评估了编码方法在未见过的状态-动作对上的表现。良好的泛化意味着在一个状态-动作对上学到的知识可以被转移到其他相似的状态-动作对上。

(5) 鲁棒性(robustness)。鲁棒性指的是 Kanerva 编码在面对输入噪声或环境变化时的稳定性。一个鲁棒的编码系统在面对小的输入变化或噪声时,能够维持其性能不变。

(6) 计算效率(computational efficiency)。计算效率涉及实现编码所需要的计算资源。对于高维状态空间,计算效率尤其重要,因为它直接影响学习过程的可行性。

(7) 学习速度(learning speed)。学习速度衡量了 Kanerva 编码结合强化学习算法达到预定性能水平的迅速程度。这不仅包括收敛速度,还包括算法的样本效率。

(8) 适应性(adaptability)。适应性是指 Kanerva 编码在遇到状态空间的变化时,如何调整现有的原型点或增加新原型点以适应这些变化。

为了全面评估 Kanerva 编码的性能,通常会在多种不同的强化学习任务中进行实验。这些实验设计用于比较编码策略在各个指标上的表现,从而可以在不同任务和环境设置下,对 Kanerva 编码的效能做出客观的评价。此外,还可通过调整原型点的数目、分布,以及与激活相关的阈值参数等,来优化 Kanerva 编码的性能。

本项研究旨在探索传统 Kanerva 编码在强化学习框架下的性能,尤其是结合 Q-learning 算法解决不同规模状态空间问题的能力。Kanerva 编码是一种基于高维二进制向量空间的稀疏分布记忆模型,其通过将状态-动作对映射为由随机选定原型点激活的二进制向量来实现目的。在这种编码方案中,一个向量条目的激活(值为 1)表明对应的原型点与给定状态-动作对相近。实验中,原型点是从状态-动作空间中随机选择的(图 2-1-4),从而提供了一种随机但具有代表性的状态空间采样。

实验设计考虑了状态-动作空间维度的不同规模,即通过改变网格大小和原型点数量来评估 Kanerva 编码的适应性和效率。具体而言,原型点的数量从 300 增加到 2 500,以适应从 8×8 到 32×32 不等的网格。此外,为了对 Kanerva 编码的效能进行全面评估,本章将其与等量原型(或 tiles)数量下的 Tile 编码进行了对比。

使用传统 Kanerva 编码的 Q-learning 算法在不同原型点数量和网格大小下的测试实例的平均求解率见表 2-1-2。这些平均求解率的计算基于最终收敛值,提供了一个衡量编码效率和效果的直观指标。结果显示:在 8×8 网格的测试实例中,平均求解率随着原型数量的增加从 57.2% 提高到 93.5%;

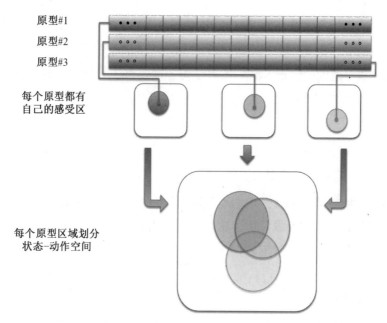

图 2-1-4　Kanerva 编码的实现

在更大的 16×16 网格中,平均求解率从 28.5% 增加到 82.3%;而在 32×32 网格中,平均求解率从 7.9% 提升至 43.2%。这一趋势明显表明,原型点数量的增加对于提升 Kanerva 编码在各尺寸网格中的性能至关重要。

表 2-1-2　Q-learning 的测试实例的平均求解率对比

原型数量	传统 Tile 编码的网格大小的平均求解率			传统 Kanerva 编码的网格大小的平均求解率		
	8×8	16×16	32×32	8×8	16×16	32×32
300	67.8%	30.1%	6.0%	57.2%	28.5%	7.9%
400	69.2%	47.6%	9.9%	63.5%	36.7%	13.2%
600	75.3%	51.7%	17.2%	75.0%	42.3%	22.3%
700	81.3%	56.5%	20.1%	79.2%	47.2%	28.0%
1 000	90.7%	64.4%	24.7%	90.9%	50.3%	32.1%
1 500	94.9%	71.1%	29.3%	91.4%	59.1%	36.6%
2 000	97.1%	80.9%	33.6%	93.1%	75.4%	40.6%
2 500	98.2%	84.6%	38.6%	93.5%	82.3%	43.2%

此外，随着网格大小的增加，即状态-动作空间维度的提升，使用传统Kanerva编码的测试实例的平均求解率呈现出下降趋势。尽管如此，在所有考虑的原型点数量下，Kanerva编码展现了与其数量成正比的性能提升，凸显了其在应对更大规模状态空间时的适应性和潜力。

不同编码策略的结果进一步揭示了在较小维度空间（如8×8网格）中，Tile编码的表现可能优于Kanerva编码，但随着状态空间维度的增大（如32×32网格），Kanerva编码的性能则显示出更显著的优势。这表明Kanerva编码在处理大规模状态空间问题时具有较高的效率和较强的适应性。

综上所述，本实验的结果支持了Kanerva编码在复杂强化学习环境中的应用价值，尤其体现在面对大规模和高维状态空间时。通过调整原型点的数量，Kanerva编码能够有效适应不同规模的状态空间，为基于Q-learning的强化学习任务提供了一种高效的函数近似解决方案。

本项研究还深入探讨了传统Kanerva编码策略在应用于Q-learning算法中处理不同规模的状态空间问题时的表现。Kanerva编码利用随机选定的原型点对状态-动作对进行编码，其中每个原型点代表了状态空间中的一个特定样本。通过这种编码方式，实验旨在评估原型点数量及状态空间维度对学习性能的影响。

实验结果（图2-1-5）揭示了在保持2 000个原型点不变的条件下，随着网格大小从8×8增加到32×32，测试实例的平均求解率如何随时间而变化。特别是在网格大小增加的过程中，平均求解率从93.1%显著下降至40.6%。这一结果强调了状态空间维度对于Kanerva编码性能的影响，表明在更大的状态空间中，即使原型点数量相对较多，平均求解率也会受到明显影响。

综上所述，随着网格大小的增加，在所有原型数量下使用传统的Kanerva编码的测试实例的平均求解率都会急剧下降。在所有尺寸的网格中，测试实例的平均求解率在很大程度上取决于所用原型的数量。

如表2-1-2所示，通过比较Kanerva编码与Tile编码在相同条件下的性能，发现在8×8网格大小的情况下，经过2 000次迭代，Tile编码能够解决98.2%的测试实例，而Kanerva编码解决了93.5%的测试实例。这一结果表明,在较小的状态空间中,Tile 编码求解效率更高。然而,当状态空间扩大至 32×32 网格时,情况则有所不同。在这种情况下,Kanerva 编码在经过 2 000 次迭代后能够解决 40.6% 的测试实例,相较之下,Tile 编码的平均求解率降至 33.6%。这一对比表明,在处理较大规模的状态空间时,Kanerva 编码表现出相对较好的性能和适应性。

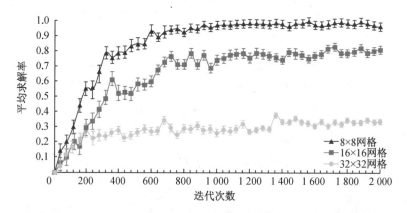

图 2-1-5　传统 Kanerva 编码的 Q-learning 的测试实例的平均求解率

由此得出结论,尽管 Tile 编码在低维状态空间中表现出色,但 Kanerva 编码在高维状态空间中表现更为强劲。这一发现突出了 Kanerva 编码在处理大规模状态-动作空间时的潜在优越性,因此选择将 Kanerva 编码作为进一步研究的基础。通过这一研究,可以更深入地探索高维状态空间中的强化学习策略,并进一步优化 Kanerva 编码策略,以便在更广泛的应用中取得良好的性能。

第二节　访问频率与特征分布

性能评估结果揭示了一个重要现象:随着状态-动作空间的扩张,采用 Tile 编码和 Kanerva 编码的强化学习算法的效率呈现急剧下降的趋势。这种效率的降低主要归因于函数近似器在大规模空间中对特征的处理方式。特征,无论是以 tiles 的形式出现还是作为 Kanerva 编码中的原型,都是对状态-

动作空间的抽象表示。其数量及选择的恰当性直接决定了近似值与真实值的相似度，进而影响学习器的性能。

当特征数量相对于状态-动作对的数量较少时，函数近似器面临的是一个覆盖问题：较少的特征难以充分表示广泛的状态-动作空间，导致学习到的近似值与真实值存在较大偏差，强化学习器的性能因而受限。反之，如果特征数量远超状态-动作对的数量，每个特征与少数状态-动作对的关联性增强，这有利于提升近似值的精确度，从而保证学习器的有效运行。这种情况下的挑战转变为如何管理和处理巨量的特征，因为在实际应用中，内存和计算资源是非常有限的。

因此，强化学习领域面临的关键问题之一是如何在有限的资源约束下，设计出一整套能够有效覆盖整个状态-动作空间的最小特征集。这不仅要求特征集具有高效的信息表达能力，能够捕捉状态-动作对之间的关键联系，还需要这些特征能够在计算上易于处理，存储成本低。为了解决这一问题，学者们提出了多种策略，包括但不限于动态特征选择、特征压缩，以及利用深度学习技术高效、自动地提取深层特征等方法。

在探究现代强化学习算法中函数近似技术的应用时，特别是当面对广阔且复杂的状态-动作空间时，面临的主要挑战之一是如何在有限的计算和存储资源下有效地泛化学习经验。因此，有效的特征生成策略在处理广阔且复杂的状态-动作空间中的强化学习任务时起着至关重要的作用。通过精心设计的特征集，不仅可以提升学习器的性能，还可以在有限的资源下实现对复杂环境的高效学习。未来的研究应进一步探索高效特征生成和选择的新方法，以克服当前强化学习在大规模问题中面临的挑战。但考虑到以下原因，这样一组最优特征是很难生成的：①可能的子集空间非常大，设计代价极高；②求解器遇到的状态-动作对取决于所求解的具体问题实例，特征选取过程针对全体实例的通用性难以保证。因此，本章研究了几种针对特征优化问题的启发式解决方案。

如果某个特征与当前的状态-动作对相邻，就认为该特征在 Q-learning 过程中被访问过。直观地说，如果一个特定特征很少被访问，即意味着与该特征相邻的状态-动作对很少，这表明该特征不适合特定应用。相反，若一个特定特征被频繁访问，则意味着有很多状态-动作对与该特征相邻。这表明该特征可能无法区分许多不同的状态-动作对。因此,很少被访问的原型对解决实例问题没有帮助。同样,被频繁访问的原型可能会降低状态-动作对的可区分性。删除很少访问和频繁访问的原型可以减少不合适的原型,并提高Kanerva编码的效率。因此,研究的目标是生成一组特征,其中每个特征的访问次数是平均的。

本书将特征的访问频率定义为学习过程中对该特征的访问次数。具体而言,在Tile编码中,指的是tile的访问频率;而在Kanerva编码中,指的是原型的访问频率。观察在一个收敛的学习过程中,所有tiles或原型的访问频率分布情况。

图2-2-1显示了使用Tile编码的Q-learning的样本运行期间tiles的访问数量分布。该示例使用了直接奖励、固定猎物和2 000块tiles。同样,图2-2-2显示了使用具有2 000个原型的Kanerva编码的Q-learning的样

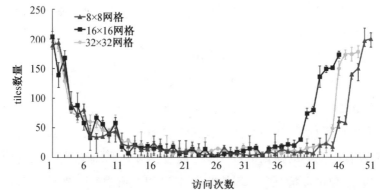

图2-2-1 使用Tile编码的Q-learning的样本运行期间tiles的访问数量分布

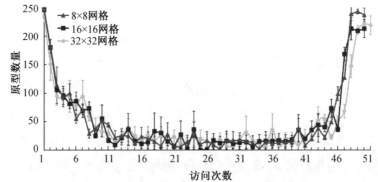

图2-2-2 使用Kanerva编码的Q-learning的样本运行期间原型的访问数量分布

本运行期间原型的访问数量分布。所有 tiles 或原型的访问频率的不均匀分布表明大多数原型要么经常被访问，要么很少被访问。下一节将介绍生成访问频率更均匀的特征集的方法。

第三节　基于 Kanerva 自适应机制的函数逼近技术

函数近似的特征优化目标是生成一组特征，其中各特征的访问频率相对一致。特征的访问频率对应于学习过程中遇到的相邻状态-动作对的数量。求解器遇到的特定状态-动作对取决于正在求解的特定问题实例。因此，自适应选择适合特定应用的特征是实现函数近似特征优化的重要方法。

特征适应是利用先验知识和在线经验来改进强化学习器的。很少有公开尝试探索这种类型的算法，也没有已知的尝试来评估和提高用于函数近似的特征适应的质量。

本章使用访问频率来优化特征，将原始特征分为三类：访问频率低的特征、访问频率高的特征和其他特征。本章描述并评估了四种优化机制来优化特征集。由于在状态-动作空间为高维时，Kanerva 编码优于 Tile 编码，因此优化机制选择 Kanerva 编码。初始原型是从整个可能的状态-动作空间中随机选择的，使用 Kanerva 编码的 Q-learning 为捕食者智能体制订策略，同时跟踪每个原型的访问次数。经过固定次数的迭代后，使用下面描述的机制更新原型。

一、原型删除和生成

在深入研究 Kanerva 编码在强化学习应用中的效率优化时，本章探索了一种基于原型访问频率的动态管理策略，称之为确定性原型删除（deterministic prototype elimination）。此方法旨在通过定期删除访问频率极低或极高的原型，并引入新的原型来代替它们，从而优化状态空间的表示效率。该策略背后的逻辑基于两个观察：①很少被访问的原型对解决特定的状态-动作实例贡献不大,它们的存在可能不足以代表状态空间的关键特征;②频繁访问的原型可能会降低系统对状态-动作对的区分能力,因为它们可能过度泛化了状态空间中的多个区域。

为了实现这种策略,研究采取了周期性的原型调整过程。在这一过程中,一部分访问频率最低的原型和一部分访问频率最高的原型被系统性地删除。随着算法的持续运行,被删除的原型数量会逐渐减少,以保证状态-动作空间的高效和精确表示。引入的新原型的 θ 值(原型的权重或相关性指标)和访问频率均设为零,以待未来的访问数据来定义其在状态空间中的位置和价值。

采用确定性原型删除方法的一个显著优点是其实现的简便性,且能够利用特定于应用和实例的信息,以指导哪些原型应当被删除。通过定期更新原型集,该方法尝试保持对状态空间的高效和动态表示,以促进强化学习算法的学习。

然而,这种方法也存在一定的局限性。由于其操作的确定性特点,系统可能无法灵活地保留那些在早期学习阶段很少被访问但具有潜在价值的原型。在原型数量较多的情况下,特别是在复杂或变化的环境中,一些重要的原型可能在它们能够显著做出贡献之前就被删除。此外,过度依赖访问频率作为原型重要性的唯一判断标准,可能会忽视其他关键因素,如原型对学习过程的潜在贡献度及它们在状态空间中的代表性。

为了克服这一缺点,传统方法往往保持静态的原型集,但这限制了模型在动态环境中的适应性和学习效率。针对这一问题,本章提出了一种新颖的方法,即概率原型删除法(probability-based prototype pruning,PBPP),旨在通过概率手段动态调整原型集,从而增强模型的适应性和泛化能力。

具体来说,PBPP 方法通过一个基于访问频率的指数函数来确定每个原型的保留或删除概率。这一策略的核心思想是,原型的删除概率与其被访问的频率成指数函数关系,即删除访问频率为 v 的原型的概率

$$p_{del} = \lambda e^{-\lambda v}$$

式中,λ 是一个可以从 0 到 1 变化的参数,用以控制删除概率的敏感度。在这个机制下,较少被访问的原型(低频原型)倾向于被以较高的概率删除,而高频

原型则相对稳定。这种策略有效地减少了冗余或者不经常使用的原型，使得原型集更加精练和高效。

本章试图用新的原型来替换被删除的原型，这样可以改善函数近似的行为。一种方法是从整个状态空间随机生成新原型。虽然这种方法会积极地在状态空间中搜索有用的原型，但它并没有使用特定领域或实例的信息。

为了进一步优化原型集的覆盖范围和区分度，本研究采取原型分割法（prototype splitting，PS）策略来补充因删除而产生的空缺。不同于简单地从状态空间随机生成新原型，原型分割法更加精细地基于现有的高频原型生成新原型。本章通过拆分频繁访问的原型来创建新原型，选择一个被访问次数最多的原型 s_1，然后通过反转 s_1 中的固定位数来创建一个与 s_1 相邻的新原型 s_2。新原型的 θ 值和访问频率最初都设为零，且原型 s_1 保持不变。这一方法会在访问频率最高的原型附近创建新原型。这些原型相似但又不同，这往往会减少对附近原型的访问次数，从而提高这些原型的可区分度。

这一方法的优越性在于，它不仅通过删除低频原型来减少不必要的存储和计算资源消耗，而且通过精细地生成新原型来增强原型集的表示能力。本章将这种基于 Kanerva 的自适应函数近似使用了概率原型删除和原型分割使特征访问频率的分布更加均匀的方法命名为基于频率的原型优化（frequency-based prototype optimization，FBPO）。经借鉴 Kanerva 的自适应函数近似理论，FBPO 方法有效地平衡了原型的探索和利用，促进了特征访问频率分布的均衡，从而在动态环境下显著提升了模型的学习效率和泛化能力。此外，FBPO 策略的引入为复杂环境下的机器学习模型提供了一种灵活且高效的原型管理机制，有望在众多领域中推广应用。

二、基于自适应 Kanerva 的函数近似的性能评估

在人工智能和机器学习领域，强化学习已经成为一种重要的自主学习方法，它使得代理（agent）能够在与环境交互的过程中学习如何通过选择最优的

行动来最大化累积奖励。强化学习的应用范围广泛，从自动驾驶汽车到游戏玩家，从自动化交易到机器人控制，其核心挑战之一是如何有效地在大规模或连续的状态空间中学习和决策。函数近似技术是应对这一挑战的关键方法之一，它能够使强化学习算法在复杂环境中实现泛化，即从有限的经验中学到广泛适用的策略。

Tile 编码和 Kanerva 编码是两种常用的函数近似方法，它们通过将连续的状态空间离散化来简化学习问题。然而，这两种方法在处理具有高度动态性和不确定性的环境时仍面临诸多挑战，如怎样保持学习过程的效率和有效性，以及如何处理由大量状态和动作组合导致的计算复杂性。为了克服这些困难，研究者寻求更为高效和灵活的函数近似策略，其中自适应 Kanerva 编码因其独特的性质而受到广泛关注。

自适应 Kanerva 编码是一种基于稀疏分布表示的函数近似方法，它通过动态调整编码原型（状态空间的代表点）来适应环境的变化，从而提高学习的灵活性和效率。尽管自适应 Kanerva 编码在理论上具有显著的潜力，但其在实际应用中的性能表现及与传统函数近似方法相比的优势尚未得到充分的评估和验证。因此，本研究旨在深入探讨基于自适应 Kanerva 编码的函数近似技术在复杂强化学习任务中的应用性能，特别是在捕食者-猎物追逐这一典型多智能体交互问题上的效果评估。

现应用 Q-learning 和自适应 Kanerva 编码来评估原型优化算法，以解决第一节中描述的在 $n \times n$ 网格上的捕食者-猎物追逐的简单实例。每迭代 20 次后应用一次原型优化，网格的大小也从 8×8 到 32×32 不等，所有其他实验参数均不变。

表 2-3-1 显示了当原型数量在 300 到 2 500 之间变化，网格大小在 8×8 到 32×32 之间变化时，使用自适应 Kanerva 编码的 Q-learning 的测试实例的平均求解率。所显示的值代表平均求解率的最终收敛值。结果表明，随着原型数量的增加，8×8 网格的测试实例的平均求解率从 81.3% 增加到 99.5%，16×16 网格的测试实例的平均求解率从 49.6% 增加到 96.1%，32×32 网格的测试实例的平均求解率从 23.3% 增加到 92.4%。

表 2-3-1 使用自适应 Kanerva 编码的 Q-learning 的测试实例的平均求解率

原型数量	不同网格大小的平均求解率		
	8×8	16×16	32×32
300	81.3%	49.6%	23.3%
400	92.3%	52.3%	28.3%
600	98.9%	62.4%	37.0%
700	99.0%	70.4%	41.7%
1 000	99.2%	84.5%	62.8%
1 500	99.3%	95.7%	77.6%
2 000	99.5%	95.9%	90.5%
2 500	99.5%	96.1%	92.4%

图 2-3-1 显示了当网格大小从 8×8 到 32×32 变化时，采用具有 2 000 个原型的自适应 Kanerva 编码和传统 Kanerva 编码的 Q-learning 的测试实例的平均求解率。

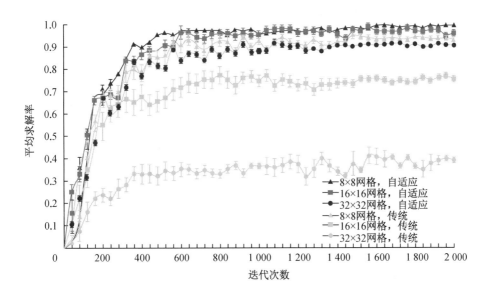

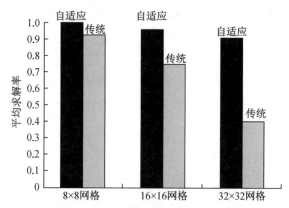

图 2-3-1 自适应 Kanerva 编码和传统 Kanerva 编码的 Q-learning 的测试实例的平均求解率①

该图显示了求解器如何随着迭代次数的增加而收敛。网格大小为 8×8 时,传统 Kanerva 算法能解决约 93.1% 的测试实例;网格大小为 16×16 时,传统 Kanerva 算法能解决 75.4% 的测试实例;网格大小为 32×32 时,传统 Kanerva 算法能解决 40.6% 的测试实例。网格大小为 8×8 时,自适应 Kanerva 算法能解决约 99.5% 的测试实例;网格大小为 16×16 时,自适应 Kanerva 算法能解决约 95.9% 的测试实例;网格大小为 32×32 时,自适应 Kanerva 算法能解决约 90.5% 的测试实例。这些结果表明,自适应 Kanerva 编码优于传统 Kanerva 编码,而且概率原型删除和原型拆分可以显著提高基于 Kanerva 的函数近似的效率。

本节深入分析了通过自适应 Kanerva 算法优化过程后,原型在状态-动作空间中的分布及其被访问的频率。图 2-3-2 展示了在第二节所述实验设置中,所有原型的访问频率分布情况。该图形象地描绘了在经过优化后大部分原型在状态-动作空间中的平均访问次数,以一个直观的视角观察原型分布的变化情况。

综观所获得的数据和图表,存在一个显著的现象:经过自适应 Kanerva 算法优化的原型集,其访问频率分布呈现出显著的均匀性。与传统的函数近似

---

① 对应彩图见书末插页。

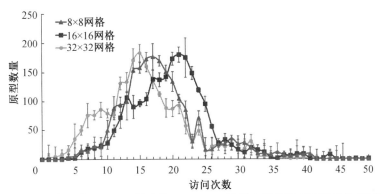

图 2-3-2 使用自适应 Kanerva 编码的 Q-learning 的样本运行期间原型的访问频率分布

算法相比,这种均匀分布的特征明显指向自适应 Kanerva 算法性能提升的关键因素。具体而言,这种均匀分布的访问频率意味着算法能够更加有效地覆盖整个状态-动作空间,确保每个原型都能在学习过程中得到适当的利用。这一发现对于理解和优化强化学习算法中的函数近似过程具有重要意义。

传统的函数近似方法往往忽视了原型分布均匀性对学习性能的影响,导致某些区域的原型被过度利用,而其他区域则被忽略,从而降低了算法的泛化能力和学习效率。相比之下,自适应 Kanerva 算法通过动态调整原型集,不仅保持了高效的计算性能,而且通过优化原型的分布和利用率,极大地扩大了状态-动作空间的覆盖范围,提高了学习的均衡性。

此外,原型的均匀分布还有助于算法更好地适应环境的动态变化,增强模型的鲁棒性和适应性。这是因为在更均匀的原型分布下,算法能够更灵活地响应状态-动作空间中的新变化,提高对未知环境或情景的适应能力。因此,自适应 Kanerva 算法通过其独特的优化策略,不仅提高了学习的效率和效果,而且也为设计更高效、更智能的强化学习模型提供了新的思路。

总结而言,通过深入分析比较优化后的原型访问频率分布,可得出结论:自适应 Kanerva 算法之所以能够在复杂的强化学习任务中获得更好的性能,关键在于其能够实现更均匀的原型分布。这一发现强调了在设计和优化强化学习算法时,考虑原型分布的均匀性和动态调整的重要性,可为未来的研究问题提供宝贵的经验。

第四节 本章小结

本章详细评估了在强化学习框架下,特别是在捕食者-猎物追逐这一典型的多智能体互动域中,Tile 编码和 Kanerva 编码这两种广泛使用的函数近似技术的性能表现。此类问题通常涉及复杂的动态环境,其中学习代理(捕食者)必须通过与环境的交互来学习如何有效地追踪和捕捉目标(猎物)。尽管函数近似技术在处理大规模状态空间问题方面表现出潜力,但本章的研究表明应用这些传统函数近似技术在某些情况下可能不会产生理想的学习效果。

通过对学习过程中特征访问频率的深入分析,发现特征访问频率的不均匀分布是学习效果不理想的关键原因。特别地,某些特征由于过于频繁地被访问而导致学习过程中的重点失衡,而其他特征则由于较少被访问而在学习过程中被忽略。这种不平衡阻碍了强化学习器有效地探索和利用环境特性,从而降低了学习效率和性能。

针对上述挑战,本节提出了一种新颖的自适应函数近似算法——基于原型删除和生成的 Kanerva 函数近似算法。该算法通过两个主要机制来优化原型的动态管理:概率原型删除和原型分割。概率原型删除机制通过一个基于访问频率的概率模型来动态地移除那些较少被访问的原型,从而解决了过度集中于高频特征的问题。与此同时,原型分割机制通过在访问频率较高的原型周围创建新的原型来增强模型的探索能力,这不仅促进了更均匀的特征访问分布,也提高了状态空间的覆盖度。

本章的实验结果表明,相比于传统的 Tile 编码和 Kanerva 编码方法,采用基于频率的原型优化的自适应 Kanerva 编码策略能够显著提高在捕食者-猎物追逐问题上的求解率,同时减少所需原型的数量。这一发现不仅凸显了该方法在提高解决大规模多智能体问题能力方面的有效性,也展示了通过精细管理原型集合来优化函数近似过程的重要性。

综上所述,本章的研究为设计高效强化学习算法提供了新的视角和工具,尤其是在处理复杂多智能体互动问题时。此外,本章的工作也为相关领域的未来研究奠定了强有力的基础,特别是在探索更加灵活和自适应的学习机制方面。

第三章
基于模糊逻辑的函数近似技术

在探讨如何提高强化学习效率的过程中,特征优化和函数近似方法(如 Kanerva 编码)扮演着关键的角色。这些技术致力于在不牺牲性能的前提下,降低计算的复杂度和提高学习算法的效率。尽管通过删除不必要的特征和拆分重要特征以均衡特征访问频率的方法取得了一定的进展,但在实际应用,尤其是在大规模多智能体系统的困难实例中,这种自适应 Kanerva 编码的表现仍然不尽如人意。因此,研究者需要深入分析导致这种情况的潜在因素,并探索可能的解决方案。

一个可能的原因是自适应 Kanerva 编码在处理高度动态和复杂环境时的适应性不足。Kanerva 编码依赖于高维稀疏向量的表示,这在理论上可以有效地处理和存储大量的模式或数据。然而,当面对不断变化的环境和任务时,静态的编码方案可能难以快速适应新的情况。这可能会导致学习效率低下,尤其是在多智能体系统中,环境的复杂性和不可预测性更显著。

特征选择和优化的方法本身可能也存在局限性。尽管通过特征的删除和拆分来尝试均衡特征访问频率是一个有见地的策略,但这种方法可能过于简单,无法充分捕捉到环境中的所有有用信息。此外,删除不必要的特征可能会意外地丢弃学习过程中有价值的细微差异信息,而拆分重要特征则可能导致信息的碎片化，增加整合这些信息以做出有效决策的难度。

进一步地，当前的自适应 Kanerva 编码方法可能没有充分利用现代计算资源和算法优化技术。随着硬件性能的提升和新的算法思想的出现，可以重新审视和优化 Kanerva 编码的实现方式。例如，通过并行计算可以显著提高处理速度，而深度学习等技术则提供了新的视角和方法来理解并优化高维稀疏编码的效率。

为了解决这些问题，可以考虑从以下几个方向进行改进。首先，增强编码方案的动态性和适应性，允许它根据环境的变化自我调整。这可以通过引入机器学习算法来实现，比如使用强化学习来优化编码策略，或者利用神经网络来动态生成和调整编码向量。其次，开发更为复杂和精细的特征优化方法，这些方法能够更好地识别和保留关键信息，同时剔除真正无关的数据。此外，利用最新的计算技术和创新算法来提高处理速度和效率，可能是提升自适应 Kanerva 编码性能的关键。与其仅依赖于改进现有方法，不如探索结合多种技术和策略的综合方案。例如，结合 Kanerva 编码和深度学习的模型，或者在多智能体系统中采用分布式学习方法，每个智能体可以在本地学习并通过某种形式的通信共享其学习成果，这样不仅可以提高学习效率，还可以增强系统的鲁棒性和适应性。

此外，针对特征优化，可以采用更高级的特征选择和降维技术，如主成分分析（principal component analysis，PCA）、自动编码器和深度信念网络等，这些方法能够在减少特征数量的同时保留最关键的信息，有助于提升模型的学习效率和性能。此类技术的引入，不仅可以在降低特征维度的同时保留重要信息，还可以揭示特征之间的深层次关联，为学习算法提供更加丰富的信息。

在多智能体系统中，协同学习和通信机制的设计也至关重要。有效的通信机制可以帮助智能体分享关键信息和学习成果，减少不必要的重复学习，加快整体学习进程。此外，通过设计合理的激励机制，还可以激励智能体之间的合作，促进形成系统整体的最优决策。考虑到强化学习环境的不确定性和动态性，自适应学习机制也显得极为重要。这种机制可以根据环境的变化和智能体的学习进度动态调整学习策略,以适应复杂多变的任务和环境。这可能涉及动态调整学习率、探索策略及奖励分配等。进一步地,借助模拟和虚拟环境进行先验学习和测试,也可以显著提升学习效率和系统性能。通过在虚拟环境中进行大量的模拟实验,智能体可以在面对真实的任务时,快速适应并做出有效的决策。

本研究将尝试解决捕食者-猎物追逐域中的一类困难实例,并认为观察到的不良表现是由频繁的原型冲突造成的。在捕食者-猎物追逐域中,会面临一些极具挑战性的情况,频繁的原型冲突通常会导致性能低下。原型冲突发生在状态-动作对的表示中,当多个状态-动作对映射到同一原型或类似的原型上时,会导致学习算法难以区分这些情况,从而降低决策的准确性。研究证实,通过有效地减少这些冲突,可以显著提升系统的表现。为了解决这一问题,引入了一种创新的方法——基于模糊Kanerva的函数近似技术。

此方法的核心在于使用细粒度的模糊成员等级来描述状态-动作对与每个原型的邻接关系。这种方法的引入,不仅可以更准确地描述状态-动作对与原型之间的关系,还能有效消除传统方法中常见的原型冲突问题。在基于模糊Kanerva的函数近似框架下,每个状态-动作对被表示为在多维特征空间中的一个点,而原型则作为这个空间中的关键节点。不同于传统方法将状态-动作对直接映射到最近的一个或几个原型上,本章的方法考虑到了状态-动作对与所有原型之间的模糊关系,通过计算其与每个原型的模糊成员等级,可以更细致地捕捉状态-动作对的特性。

使用模糊逻辑的优势在于它能够处理不确定性和模糊性,这对于复杂的捕食者-猎物追逐任务来说尤为重要。在这个任务中,决策必须考虑到环境中的不确定性,如猎物的潜在逃逸路径。通过模糊成员等级,此方法可以更灵活地应对这种不确定性,为每种可能的状态-动作对分配一个权重,这些权重反映了每种决策在当前环境下的可行性和优先级。此外,基于模糊Kanerva的函数近似技术还可以与强化学习算法结合使用,这种结合不仅可以优化状态-动作对的表示,还可以加快学习进程。在强化学习框架下,智能体通过与环境交互来学习如何做出最佳决策。引入模糊成员等级后,智能体可以更有效地评估其行为的后果,因为在这种情况下每个决策都基于对环境状态细致且全面的理解。

本章的方法通过状态-动作对的精细化表示,显著提高了捕食者-猎物追逐域中的学习效率和性能。从实验中观察到,与传统方法相比,基于模糊Kanerva的函数近似技术不仅可以更快地收敛到最优策略,而且在执行任务时也表现出更强的灵活性和适应性。这一成果表明,通过减少原型冲突,并提供一种更细粒度的状态-动作对表示方法,可以有效地解决捕食者-猎物追逐域中一些最具挑战性的问题。

第一节 Kanerva 编码应用于困难实例的实验评估

第二章介绍了三种不同难度级别的追逐实例,并探讨了自适应 Kanerva 编码相对于传统 Kanerva 编码的优势。自适应 Kanerva 编码在简单实例中表现出良好的学习性能和快速收敛的特点。本章的重点在于通过评估使用自适应 Kanerva 编码的强化学习器在一组困难实例中的表现,进一步验证其有效性。在这项研究中,首先对所采用的追逐实例进行分类,以便更好地理解不同难度级别对于学习器性能的影响。这种分类不仅有助于评估自适应 Kanerva 编码的适用性,还能为后续实验提供更清晰的基准。接着详细介绍了自适应 Kanerva 编码的原理和优势,包括其如何动态调整编码参数以适应环境的变化,以及相对于传统 Kanerva 编码在处理复杂问题时的性能优势。

本章描述了实验设计和方法,并对实验环境进行严格控制,以及对不同学习器的参数设置和算法选择进行了详细说明,以确保实验结果的可靠性和可重复性。此外,还介绍了评估指标的选择和解释,以便客观地评价不同学习器的表现。

实验结果部分展示了使用自适应 Kanerva 编码的强化学习器在困难实例中的学习效果。通过对比传统 Kanerva 编码和自适应 Kanerva 编码的性能,可以清晰地看到自适应 Kanerva 编码在处理困难问题时的优势。这些结果不仅验证了自适应 Kanerva 编码的有效性,还为其在更复杂环境下的应用提供了有力支持。本章对实验结果进行了深入分析,并探讨了可能的改进方向和未来研究的潜力。这些分析不仅有助于更好地理解自适应 Kanerva 编码的工作原理,还为进一步优化算法提供了有益的启示。

本研究将传统 Kanerva 编码和自适应 Kanerva 编码应用于追逐实例,其中使用间接奖励和随机移动猎物。这两种编码方法都是针对状态-动作对的表示,将它们转化为二进制向量形式,并且所有的原型都是随机选择的。为了进一步优化自适应 Kanerva 编码的特征,采用了概率原型删除和原型分割的方法。在实验中对原型的数量进行了改变,这些数量包括 300、400、600、700、1 000、1 500、2 000 和 2 500。同时也对网格大小进行了改变,这些网格大小的范围是从 8×8 到 32×32 不等。这样的设置允许在不同的参数配置下评估传统 Kanerva 编码和自适应 Kanerva 编码在追逐实例中的表现,并且能够观察到在不同条件下它们的学习行为和性能。通过这样的实验设计,可以系统地比较传统 Kanerva 编码和自适应 Kanerva 编码在处理具有不同难度级别的追逐实例时的效果。本章将重点关注它们在学习过程中的收敛速度、学习效率及最终的性能表现。

表 3-1-1 清楚地展示了随着原型数量和网格大小的变化,采用自适应 Kanerva 编码的 *Q-learning* 在解决困难测试实例时的平均求解率。每个数值代表平均求解率的最终收敛值,反映了学习器在处理不同条件下的测试实例的学习能力和性能。根据表中的数据,可以观察到几个关键趋势。首先,随着原型数量的增加,网格的测试实例的平均求解率显著提高。这表明增加原型数量有助于学习器更好地理解和探索环境,从而提高平均求解率。特别是 8×8 网格中,当原型数量从 300 增加到 2 500 时,平均求解率从 73.3%增加到 96.4%,提升显著,显示了原型数量对于解决困难实例的重要性。随着网格大小的增加,测试实例的平均求解率也呈现出显著的提高趋势。16×16 网格中,平均求解率从 32.3%增加到 88.8%;32×32 网格中,平均求解率从 20.8%增加到 76.4%。两者增长幅度都是显著的,说明更大的网格空间提供了更多的学习机会和探索空间,从而促进学习器的性能提升。通过与表

2-1-2比较可以看出,在原型数量和网格大小不变的情况下,自适应Kanerva编码在求解困难测试实例时的平均求解率低于求解简单测试实例时的平均求解率。

表3-1-1 使用自适应Kanerva编码的Q-learning的困难测试实例的平均求解率

原型数量	不同网格大小的平均求解率		
	8×8	16×16	32×32
300	73.3%	32.3%	20.8%
400	79.7%	38.1%	24.9%
600	86.0%	50.5%	36.1%
700	88.2%	57.3%	39.7%
1 000	91.9%	65.3%	55.2%
1 500	93.4%	78.2%	60.7%
2 000	94.9%	83.4%	67.9%
2 500	96.4%	88.8%	76.4%

图3-1-1清晰地展示了随着网格大小从8×8到32×32变化时,采用具有2 000个原型的自适应Kanerva编码的Q-learning在解决困难测试实例时的平均求解率。图中呈现了求解器如何随着迭代次数的增加而收敛的过程,以及在不同网格大小下学习器的性能变化。根据图中的趋势,可以观察到几个重要的特征。首先,随着时间的增加,求解率呈现出逐渐收敛的趋势。这表明随着学习过程的进行,自适应Kanerva编码的Q-learning逐渐提高了对环境的理解和探索,从而获得了更好的解决方案。随着网格大小的增加,测试实例的平均求解率呈现出下降的趋势,从94.9%降至67.9%,幅度显著,表明随着环境复杂度的增加,学习器面临着更大的挑战和困难。

这些结果提供了对自适应Kanerva编码在处理困难测试实例时的深入认识。虽然自适应Kanerva编码相对于传统Kanerva编码有所改进,但随着网格大小的增加,使用自适应Kanerva编码解决的测试实例的平均求解率仍然会急剧下降。这说明特征优化虽然能在一定程度上提高函数近似的效率,但

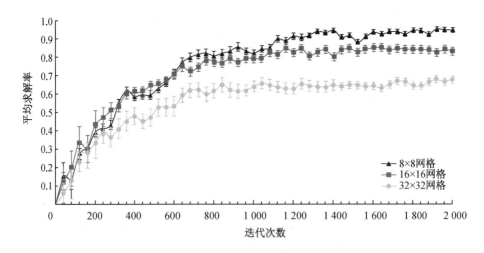

图 3-1-1　自适应 Kanerva 编码的 Q-learning 的测试实例的平均求解率

并不能完全解决大规模系统中的困难实例问题。这一发现激发了我们对导致性能下降的其他可能因素进一步探索的兴趣。其中之一可能是探索-利用困境,特别是在面对大规模系统时。随着系统复杂度的增加,学习器需要探索更大的状态和动作空间,这可能导致探索的难度增加。如果学习器无法有效地进行探索,可能会陷入局部最优解或无法找到有效的解决方案,从而导致性能下降。另一个可能的因素是算法的参数设置和优化。例如,学习率的选择、奖励函数的设计及探索策略的制订都可能对学习器的性能产生重要影响。如果这些参数设置不合理或未能充分考虑到环境的特性,就可能导致学习器无法有效地学习和适应环境,从而影响最终的性能表现。

此外,特征表示的局限性也可能对性能造成影响。尽管自适应 Kanerva 编码通过动态调整原型数量和位置来优化特征表示,但在某些情况下,可能无法很好地捕捉环境特征。如果特征表示不足以有效地区分不同状态和动作,就会影响学习器的性能。综合考虑这些因素可以看到,尽管自适应 Kanerva 编码在一定程度上改善了性能,但仍然面临挑战和限制。为了进一步提高解决困难实例的能力,需要继续研究和探索新的方法与技术。这可能涉及算法的改进、参数的优化、特征表示的进一步优化,以及更有效的探索策略的设计等方面。只有通过不断的努力和创新,才能更好地解决大规模系统中的困难实例问题。

第二节　Kanerva 编码中的原型冲突

Kanerva 编码用于强化学习的 SDM 实现。它选择 k 个原型的集合,每个原型对应一个二进制特征。如果一个状态-动作对 sa 和一个原型 p_i 的按位表示相差不超过阈值位数,那么它们就是相邻的。阈值通常设置为 1 位。将相邻等级 $adj_i(sa)$ 定义为:若 sa 与 p_i 相邻,则相邻等级为 1,否则相邻等级为 0。状态-动作对的原型向量由其与所有原型的邻接等级组成。$\theta(i)$ 为第 i 个原型保有一个值,而状态-动作对的值 sa 的理论近似值 $Q(sa)$ 为相邻原型的 θ 值之和,即

$$Q(sa) = \sum_i \theta(i) \times adj_i(sa)$$

当且仅当 sa_i 和 sa_j 具有相同的原型向量(所有原型的邻接等级相同)时,两个不同的状态-动作对 sa_i 和 sa_j 被认为发生了原型冲突。

如图 3-2-1 所示,在 Kanerva 编码中,对于两个任意的状态-动作对,存在三种可能的情况:无原型相邻,与相同原型集相邻和与唯一原型向量相邻。这些情况反映了在状态-动作空间中原型向量的分布情况及它们对学习器的影响。当每个状态-动作对都有唯一的原型向量时,即不存在原型冲突,Kanerva 编码的效果是最佳的。这意味着学习器可以准确地将状态-动作对映射到唯一的原型向量,从而避免出现混淆和歧义。

然而,在实际情况下,原型在状态-动作空间中的分布可能是不均匀的。这导致许多状态-动作对要么不与任何原型相邻,要么与对应于相同原型向量的相同原型集相邻。这种情况下,如果两个相似的状态-动作对与同一组原型相邻,那么在学习过程中它们的状态-动作值始终相同。学习器很难区分这些状态-动作对,因为它们被映射到相同的原型集,导致了混淆和不确定性。

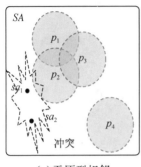
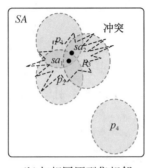
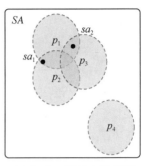

(a) 无原型相邻　　　　(b) 与相同原型集相邻　　　(c) 与唯一原型向量相邻

图 3-2-1　原型冲突示意图

因此,这种原型冲突会降低结果的质量,导致状态-动作对的 Q 值的估计值相等,无法准确地区分它们。[10] 这可能会导致学习器在决策和行动选择方面出现问题,因为它无法正确地评估不同状态-动作对的重要性和价值。这种情况下,学习器可能会采取不确定的行动,或者陷入局部最优解而无法找到最优解决方案。

Kanerva 编码中的冲突率是指没有原型相邻或与其他状态-动作对的同一组原型相邻的状态-动作对的比率。冲突率的值越大,基于 Kanerva 的函数近似过程中原型冲突发生的频率就越高。因此,原型冲突与基于 Kanerva 函数近似的强化学习器的学习性能成反比例关系。

选择一组区分经常访问的不同状态-动作对的原型可以提高求解器解决问题的能力。然而,由于以下原因,很难生成这样一组原型:可能的子集空间非常大,并且求解器遇到的状态-动作对取决于正在求解的具体问题实例。动态原型分配和调整可以删除不必要的原型并添加新的原型,这些原型覆盖了基于实例的学习过程中经常访问的部分状态-动作空间。通过这种方式,可以自适应调整原型以尽量最小化特定问题域的原型冲突。

评估原型冲突的负面影响是为了更好地理解传统 Kanerva 编码和自适应 Kanerva 编码在处理不同大小的问题时的性能差异。通过观察在不同大小的简单捕食者-猎物追逐实例中使用这两种编码方法时的冲突率变化,可以更清晰地了解它们对学习器性能的影响。如图 3-2-2 所示,在传统算法中,随着网格大小的增加,冲突率从 25.0% 增加到 71.5%。这说明在传统 Kanerva 编码中,随着问题规模的增加,原型冲突的发生率显著增加。这可能是因为随着状态空间和动作空间的扩展,原型之间的相邻性变得更加复杂,导致更多的状态-动作对与相同的原型集相邻,从而增加了冲突率。相比之下,对于自适应算法,随着网格大小的增加,冲突率从 8.5% 增加到 29.5%。虽然自适应 Kanerva 编码也显示出冲突率随着问题规模的增加而增加的趋势,但增长率较传统算法更为缓慢。这表明自适应 Kanerva 编码在一定程度上能够减轻原型冲突的影响,可能是由于其能够根据问题的特性动态调整原型的数量和位置,以更好地适应不同的状态-动作空间。

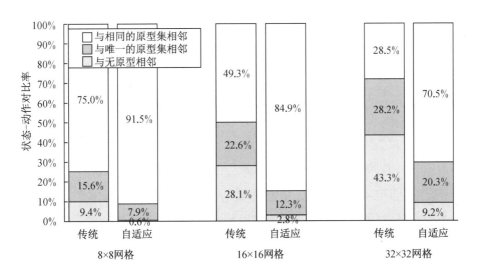

图 3-2-2 传统和自适应 Kanerva 函数近似的原型冲突

这些结果强调了自适应 Kanerva 算法在减少原型冲突方面相对于传统算法的优势,尤其是在处理较大规模问题时。通过观察比较在不同网格大小情况下的性能,可以看到自适应 Kanerva 算法在降低冲突率方面取得了显著的改善效果。例如,在网格大小为 32×32 时,自适应 Kanerva 算法将冲突率从 71.5% 降至 29.5%,这表明自适应机制在降低与无原型相邻的状态-动作对所造成的冲突方面取得了成功。

然而,值得注意的是,尽管自适应机制成功地减少了与无原型相邻的状态-动作对所造成的冲突次数,但在减少与相同原型集相邻的状态-动作对所造成的冲突次数方面却不那么成功。具体而言,在不同网格大小下,自适应算法对于减少与相同原型集相邻的状态-动作对冲突的效果较差。例如,在网格中,自适应算法只减少了49.4%的与相同原型集相邻的状态-动作对冲突,这和减少与无原型相邻的状态-动作对冲突的效果相比要差一些。

这种差异可能是由自适应机制对于相同原型集相邻的状态-动作对的处理方式不够有效所导致的。尽管自适应机制能够根据问题的特性动态调整原型的数量和位置,但在处理相同原型集相邻的情况时可能存在一定的局限性。这可能需要进一步研究和改进自适应机制,以提高其对相同原型集相邻状态-动作对的处理能力。

为了进一步明确原型冲突对基于Kanerva的函数近似效率的影响,使用不同数量的原型和不同大小的网格来评估传统与自适应基于Kanerva的函数近似的性能及其相应的冲突率。图3-2-3显示了当原型数量从300到2 500变化、网格大小从8×8到32×32变化时,传统和自适应的基于Kanerva的函数近似的测试实例的平均求解率,以及与无原型相邻和与相同原型相邻的状态-动作对的冲突率。通过观察传统和自适应Kanerva函数近似的测试实例的平均求解率,可以了解不同原型数量和网格大小对算法性能的影响。随着原型数量的增加和网格大小的扩展,函数近似的性能会有所提高,因为更多的原型能够更好地覆盖状态-动作空间,提高学习器对环境的建模能力。但也需要注意到,随着原型数量和网格大小的增加,算法的复杂度可能会增加,导致学习器在处理大规模问题时的计算负担增加,性能出现下降的趋势。通过比较与无原型相邻和与相同原型相邻的状态-动作对的冲突率,可以了解原型冲突对算法性能的影响。当冲突率较低时,学习器能够更准确地评估状态-动作对的价值,从而提高平均求解率。然而,当冲突率较高时,学习器可能会受到混淆和不确定性的影响,导致性能下降。因此,降低原型冲突率是优化基于Kanerva函数的近似性能的关键方法之一。

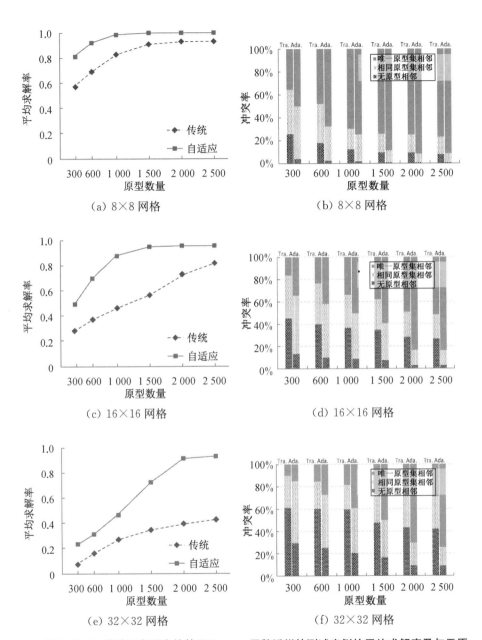

图 3-2-3 传统和自适应的基于 Kanerva 函数近似的测试实例的平均求解率及与无原型相邻和与相同原型相邻的状态-动作对的冲突率①

---

① 对应彩图见书末插页。

图 3-2-3 所示数值代表求解率的最终收敛值。结果显示，使用传统 Kanerva 编码时，随着原型数量的增加，8×8 网格的平均求解率从 57.2% 增加到 93.5%，冲突率从 83.7% 下降到 22.9%；16×16 网格的平均求解率从 28.5% 增加到 82.3%，冲突率从 65.7% 下降到 48.4%；32×32 网格的平均求解率从 7.9% 增加到 43.2%，冲突率从 89.7% 下降到 70.8%。相比之下，当使用自适应 Kanerva 编码时，随着原型数量的增加，8×8 网格的平均求解率从 81.3% 增加到 99.5%，冲突率从 50.0% 下降到 8.8%；16×16 网格的平均求解率从 49.6% 增加到 96.1%，冲突率从 65.7% 下降到 16.2%；32×32 网格的平均求解率从 23.3% 增加到 92.4%，冲突率从 84.9% 下降到 25.4%。

这些结果揭示了在不同大小的网格中，使用传统和自适应的基于 Kanerva 函数近似时，随着原型数量的变化，测试实例的平均求解率和冲突率的变化趋势。具体来说，随着原型数量的减少，测试实例的平均求解率急剧下降，而冲突率却急剧上升。这表明原型数量对于函数近似的性能和冲突率具有重要影响。结果还表明，相较于传统 Kanerva 编码，自适应 Kanerva 编码具有更好的学习性能和更少的原型冲突。这一趋势在不同大小的网格中都得到了体现，并且随着网格大小的增加而加强。这说明自适应算法在处理较大规模问题时具有更好的适应性和性能，能够更有效地减少原型冲突，提高函数近似的效率。

然而，虽然自适应算法在减少原型冲突方面取得了成功，但在大型实例上仍然存在性能较差的问题。这表明随着状态-动作空间维度的增加，原型冲突可能会变得更加严重，需要考虑一种更有效的方法来降低冲突率。可能的解决方法包括改进自适应算法以更好地处理大型状态-动作空间，或者探索其他的函数近似方法来减少冲突率并提高性能。

第三节　自适应模糊 Kanerva 编码

一种更灵活、更强大的函数近似方法是允许状态-动作对更新所有原型的 θ 值，而不是相邻原型的子集，使用的也不是二进制值，而是在所有原型中不断在 0 和 1 之间变化的模糊成员等级。距离近的原型的模糊成员等级大,距离远的原型的模糊成员等级小。由于只有当两个状态-动作对的成员向量中所有元素的实值相同时,才会发生原型冲突,因此冲突的可能性较小。[11]

在传统的 Kanerva 编码中,选择 k 个原型的集合。为了引入模糊成员等级,用模糊逻辑重新表述了传统 Kanerva 编码的定义。[12] 将成员等级 $\mu_i(sa)$ 定义为

$$\mu_i(sa) = \begin{cases} 1, & sa \text{ 与 } p_i \text{ 相邻} \\ 0, & \text{其他} \end{cases}$$

状态-动作对的成员向量由其相对于所有原型的成员等级组成。$\theta(i)$ 为第 i 个特征保留一个值,而状态-动作对 sa 的近似值 $\hat{Q}(sa)$ 是相邻原型的 θ 值之和,即

$$\hat{Q}(sa) = \sum_i \theta(i)\mu_i(sa)$$

因此,Kanerva 编码可以大大减少需要存储的值表的大小。

传统 Kanerva 编码的成员函数示例如图 3-3-1 所示。图中显示了状态-动作空间中发生原型冲突的区域。请注意,边界清晰的感受野会导致频繁的冲突。

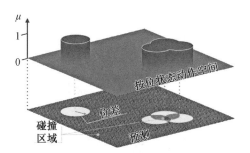

图 3-3-1 传统 Kanerva 编码的成员函数示例

一、模糊和自适应机制

在模糊 Kanerva 编码中,成员等级定义如下。给定一个状态-动作对 sa、第 i 个原型 p_i 和一个常数方差 σ^2,则成员等级为

$$\mu_i = e^{-\frac{||sa-p_i||^2}{2\sigma^2}}$$

其中，$||sa-p_i||$ 表示 sa 和 p_i 之间的位差。需要注意的是，对于相同的状态-动作对，原型的成员等级为 1，而状态-动作对与完全不同的原型的成员等级接近 0。

原型 θ 值的更新效果 $\Delta\theta$ 现在是状态-动作对 sa 与原型 p_i 之间位差 $||sa-p_i||$ 的连续函数。更新对紧邻原型的影响较大，对较远原型的影响较小。模糊 Kanerva 编码的成员函数示例如图 3-3-2 所示。

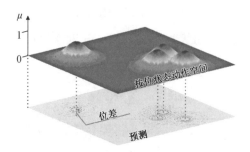

图 3-3-2　模糊 Kanerva 编码的成员函数示例

在自适应 Kanerva 编码算法中，原型是根据其访问频率进行更新的。在模糊 Kanerva 编码中，每个原型的访问频率都是相同的，因此使用从 0 到 1 连续变化的成员等级。如果相对于原型的状态-动作对的成员等级趋向于 1，就称原型与状态-动作对强相邻，否则称原型与状态-动作对弱相邻。状态-动作对 sa 被选为原型的概率 $p_{\text{updata}}(sa)$ 为

$$p_{\text{updata}}(sa) = \lambda e^{-\lambda m(sa)}$$

其中，λ 是一个可在 0 到 1 之间变化的参数，而 $m(sa)$ 则是所有原型的状态-动作对 sa 的成员等级总和。在这一机制中，与经常访问的状态-动作对弱相邻的原型往往会被与经常访问的状态-动作对强相邻的原型所取代。

二、自适应模糊 Kanerva 编码算法

算法 1 描述了自适应模糊 Kanerva 编码算法。该算法首先初始化参数，

然后使用模糊 Kanerva 编码重复执行 Q-learning，原型会定期进行自适应更新。该算法计算所有原型的所有状态-动作对的模糊成员等级，再用累积成员等级最高的状态-动作对周期性地概率替换当前原型。

算法 1：模糊 Kanerva 编码的伪代码

Main()
  选择一组原型 p 并初始化它们的 θ 值
repeat
  根据初始状态 ζ 和动作 a 生成初始状态-动作对 s
  Q-with-Kanerva(s,a,p,θ)
  Update-prototypes(p,θ)
until 所有循环都已遍历

Q-with-Kanerva(s,a,p,θ)
repeat
  采取动作 a，观察奖励 r，得到下个状态 ζ'
  $\mu(s) = e^{\frac{||s-p||^2}{2\sigma^2}}$
  $\hat{Q}(s) = \sum \mu(s) * \theta$
  for 新状态 ζ' 下的所有的动作 a^* **do**
    从状态 ζ' 和动作 a^* 生成状态-动作对 s'
    $\mu(s') = e^{\frac{||s'-p||^2}{2\sigma^2}}$
    $\hat{Q}(s) = \sum \mu(s') * \theta$
  end for
  $\delta = r + \gamma * \max Q(s') - Q(s)$
  $\Delta\theta = \alpha * \delta * \mu(s)$
  $\theta = \theta + \Delta\theta$
  $m(s) = m(s) + \mu(s)$
  if 随机概率 $\leqslant \varepsilon$ **then**
    for 当前状态 s 下的所有动作 a^* **do**
      $\hat{Q}(s) = \sum \mu(s) * \theta$
      $a = \mathrm{argmax}_a Q(sa)$
    end for

```
        else
            a = 随机动作
        end if
until s 是终端

更新原型(p, θ)
p = φ
repeat
    for 所有状态-动作对 s do
        有概率 λe^{-λm(s)}
        p = p ∪ {s}
    end for
until p 为空
```

三、基于自适应模糊 Kanerva 的函数近似的性能评估

本章通过将具有不同原型数量的自适应 Kanerva 编码和自适应模糊 Kanerva 编码的 Q-learning 应用于不同大小网格上的困难追逐实例来评估自适应模糊 Kanerva 编码的性能。

表 3-3-1 显示了随着原型数量和网格大小的变化,使用自适应模糊 Kanerva 编码的 Q-learning 的测试实例的平均求解率。表 3-3-1 所示数值代表平均求解率的最终收敛值。结果表明,随着原型数量的增加,8×8 网格的测试实例的平均求解率从 80.9% 增加到 97.5%,16×16 网格的平均求解率从 42.8% 增加到 92.2%,32×32 网格的平均求解率从 20.9% 增加到 85.3%。

表 3-3-1 使用自适应模糊 Kanerva 编码的 Q-learning 的测试实例的平均求解率

原型数量	不同网格大小的平均求解率		
	8×8	16×16	32×32
300	80.9%	42.8%	20.9%
400	84.5%	50.0%	25.5%
600	91.0%	61.8%	39.0%
700	91.1%	67.2%	41.2%

(续表)

原型数量	不同网格大小的平均求解率		
	8×8	16×16	32×32
1 000	93.0%	71.2%	58.6%
1 500	95.4%	86.7%	78.4%
2 000	97.3%	91.6%	82.8%
2 500	97.5%	92.2%	85.3%

通过与表 3-1-1 比较可以看出,在原型数量和网格大小保持不变的情况下,自适应模糊 Kanerva 编码比自适应 Kanerva 编码提高了平均求解率。

使用具有 2 000 个原型的自适应模糊 Kanerva 编码的平均求解率如图 3-3-3 所示。结果显示,在有 2 000 个原型的情况下,在 16×16 的网格中,使用模糊算法比自适应算法的测试实例的平均求解率从 83.4% 提高到 91.6%;在 32×32 的网格中,从 67.9% 提高到 82.8%。这些结果表明,与自适应 Kanerva 算法相比,模糊算法提高了测试实例的平均求解率。

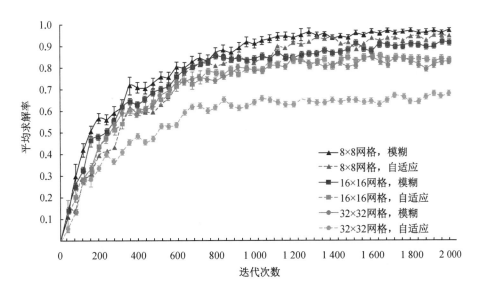

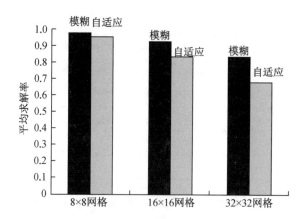

图 3-3-3　自适应模糊 Kanerva 编码的平均求解率[1]

第四节　原型调整

虽然模糊 Kanerva 编码可以为实例提供良好的结果,但结果的质量往往不稳定。也就是说,模糊方法的测试实例的平均求解率可能很低。通过考虑状态-动作对中成员向量的相似性可以找到对这些结果的解释。直观地说,状态-动作对的成员向量的相似性等同于传统 Kanerva 编码所观察到的原型冲突。在这两种情况下,都可能会降低结果的质量。

对于模糊 Kanerva 编码能提供良好的结果但结果质量不稳定的问题,一个可能的解释是这是由成员向量的相似性导致的。成员向量的相似性可以理解为状态-动作对之间在特征空间上的接近程度,类似于传统 Kanerva 编码中观察到的原型冲突。在模糊方法中,如果状态-动作对的成员向量之间存在相似性,那么它们在特征空间中的位置可能会更接近,导致模糊匹配的不确定性增加。

这种相似性可能导致测试实例的平均求解率降低,因为模糊匹配在处理相似的成员向量时可能会产生混淆,使学习器难以准确地区分它们。特别是

---

[1] 对应彩图见书末插页。

在模糊匹配的阈值设置较低的情况下,更多的状态-动作对可能会被错误地分配到相似的原型或区域中,导致性能下降。因此,成员向量的相似性可以被视为模糊 Kanerva 编码中的一种形式的原型冲突。这种冲突可能会降低结果的质量,使得模糊方法在某些情况下表现不稳定。

一、成员向量相似性分析的实验评估

图 3-4-1 展示了样本运行中每个原型相对于所有其他原型的平均成员等级,并按平均成员等级递减排序。这些结果提供了关于原型在状态-动作空间中分布的一些重要见解。结果显示原型通常可以分为三个区域。在图像的左侧观察到原型的平均成员等级较高,这意味着这些原型间平均距离更小,更接近其他原型。这些区域可能对应于状态-动作空间中原型分布更密集的区域,因为在这些区域内,成员向量更易彼此靠近。与之相反,在图像的右侧观察到原型的平均成员等级较低,表明这些原型平均距离其他原型较远。这些区域可能对应于状态-动作空间中原型分布更稀疏的区域,因为在这些区域内,成员向量之间的距离更大。这种原型分布的变化导致了感受野在整个状

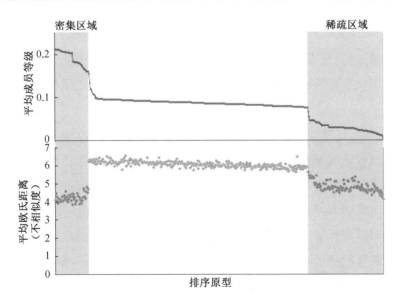

图 3-4-1 成员等级分布和排序原型之间原型相似度

态-动作空间中的分布不均。换句话说,不同区域的原型具有不同的感受野,即它们对于周围环境的感知范围不同。在原型分布更密集的区域,感受野可能更广,因为原型之间的相似性更高;而在原型分布更稀疏的区域,感受野可能更窄,因为原型之间的相似性较低。

空间密集区域的状态-动作对靠近更多的原型,因此成员等级较大,接近高斯响应函数的顶端。同样,空间稀疏区域中的状态-动作对远离更多原型,因此其成员等级较小,接近高斯响应函数的尾部。当状态-动作对的成员等级接近 1 或 0 时,成员等级对变化的敏感度较低。因此,密集区域的两个状态-动作对更有可能具有相似的成员向量,而稀疏区域的两个状态-动作对也是如此。状态-动作对的成员向量之间的这种相似性等同于传统 Kanerva 编码中观察到的原型冲突,并可能对结果质量产生类似的负面影响。

在考虑复杂的机器学习模型,尤其是在强化学习领域中,对环境状态和可能的动作进行编码是至关重要的。这里描述的是一个高度抽象的概念模型,它使用高斯响应函数和原型概念来解释状态-动作对在不同密度区域的编码及其影响。在空间密集区域,由于状态-动作对靠近较多的原型,它们的成员等级较大,表明它们在高斯响应函数的顶部附近。这样的高度会增加状态-动作对的相似性,从而导致在决策过程中可能的冲突。相对地,在空间稀疏区域,状态-动作对因远离更多原型而具有较小的成员等级,这意味着它们位于高斯响应函数的尾部,降低了它们的相似性,减少了冲突的可能性。

一方面,这种编码方式在强化学习中具有深远的影响,因为它直接关系到学习过程的效率和结果质量。在空间密集区域,状态-动作对之间的高度相似性可能导致学习算法难以区分微小但关键的差异,从而影响学习的准确性和效率。此外,由于空间密集区域的状态-动作对更容易被激活,它们可能会对学习算法产生过度的影响,从而导致偏见或过拟合。这种现象在空间稀疏区域不那么显著,因为状态-动作对的低成员等级减少了它们之间的相似性,降低了潜在的风险。

另一方面,状态-动作对在空间稀疏区域的低成员等级也意味着这些区域的信息可能被学习算法低估,因为它们在高斯响应函数的尾部产生较小的响应。这可能导致重要的但不常见的状态-动作对被忽视,影响算法的泛化能力和在新颖或罕见情况下的表现。

因此,这种基于原型的编码方法,虽然提供了一种高效地表示状态-动作对的手段,但也带来了其特有的挑战。它要求设计更为精细的学习算法,这些算法能够处理不同区域中的状态-动作对的成员等级差异,优化学习过程,同时减少由于过度相似性或相似性不足引起的问题。

在此基础上,研究者可能会探索多种策略来解决这一问题。一种策略是调整高斯响应函数,使其能够根据状态-动作对所在区域的密度动态调整其形状,从而在密集和稀疏区域之间提供更平衡的敏感度。另一种策略可能涉及开发更为复杂的原型选择和更新机制,这些机制能够更好地捕捉到状态-动作空间的细微变化,减少原型冲突的影响。

图 3-4-1 展示了原型之间的相似度在整个状态-动作空间中的变化情况。图中显示了每个原型与其他原型之间的平均欧氏距离。密集区和稀疏区的原型间平均欧氏距离较小,表明它们之间的相似度较高。

二、调整机制

可以通过调整用于计算成员等级的高斯响应函数的方差来减少相似成员向量的影响。在空间密集区域,方差减小,高斯响应函数变窄;在空间稀疏区域,方差增大,高斯响应函数变宽。如图 3-4-2 所示,这种原型调整增加了状态-动作对的成员向量对这些区域内状态-动作空间变化的敏感性。使用最大似然估计来计算原型成员函数方差的估计值 $\hat{\sigma}_i^2$。给定一组原型,设原型 p_i 与所有其他原型 p_j 之间的位差为 d_{ij},其中 $j \neq i$,$\overline{d_i}$ 为 d_{ij} 的样本平均值,则 $\hat{\sigma}_i^2$ 的估计值为

$$\hat{\sigma}_i^2 = \sum_{j=1}^n (d_{ij} - \overline{d_i})^2 / n$$

其中,n 是原型的数量。

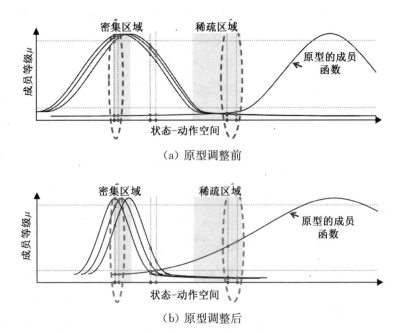

图 3-4-2 稀疏和密集区域的成员向量相似性示意图

三、调整机制的性能评估

通过使用带有原型调整的自适应模糊 Kanerva 编码解决大小为 $32×32$ 的网格上的追逐实例来评估其实施情况。为了进行比较，自适应模糊方法和自适应方法用于解决相同的实例。

图 3-4-3 显示了自适应模糊 Kanerva 编码的测试实例的平均求解率。从图中可以看出，与自适应模糊算法、自适应算法相比，使用原型调整提高了测试实例的平均求解率。例如，在有 2 000 个原型的情况下，与自适应算法、模糊算法相比，使用原型调整能将测试实例的平均求解率分别从 67.9% 和 82.8% 提高到 97.1%。这些结果表明，使用原型调整可以大大提高自适应模糊 Kanerva 编码的效率。

原型调整机制的核心在于它通过动态调整原型，即编码中的关键节点，来优化整体的学习过程。在追逐实例这样的动态环境中，状态空间的每一点都可能因环境的微小变化而发生改变，而传统的编码方法往往在这种快速变化

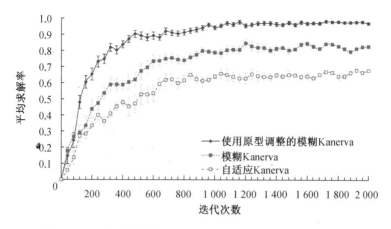

图 3-4-3　自适应模糊 Kanerva 编码的测试实例的平均求解率

的环境下表现出局限性。通过引入原型调整机制,自适应模糊 Kanerva 编码能够实时地调整原型,以更好地反映状态空间的当前状态,这种灵活性是传统方法难以比拟的。

原型调整策略还提供了一种有效的方式来应对稀疏数据问题,这是许多机器学习任务中常见的挑战。在稀疏的环境中,有效的数据点较少,这使得学习过程变得更加困难。然而,通过动态调整原型,能够确保模型聚焦于那些对当前任务最为关键的数据点,从而在数据有限的情况下也能实现高效的学习。

实验结果还表明,原型调整不仅提高了平均求解率,还有助于加快学习速度。在许多测试实例中,使用原型调整的自适应模糊 Kanerva 编码能够比其他方法更快地达到较高的平均求解率,这一点对于需要快速决策的实时系统来说尤为重要。

具有原型调整的自适应模糊 Kanerva 编码算法可用于解决四室问题,进一步评估该算法的效果。如图 3-4-4 所示,为了增加状态空间的大小,将网格扩展为 32×32。追逐发生在一个有 4 个房间的矩形网格上,简称为"四室问题"。智能体可以移动到距离当前位置一个水平或垂直步长的邻近开放单元,也可以留在当前单元。要去另一个房间,智能体必须穿过一扇门。智能体会被随机放置在一个起始单元中,并试图到达一个固定的目标单元。当智能体到达目标单元时,它将获得 1 的奖励,而在其他每个单元,它将获得 0 奖励。

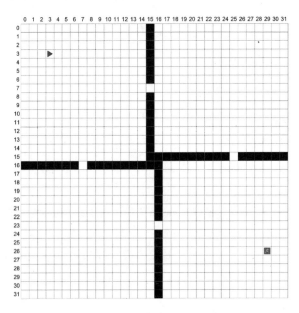

图 3-4-4　四室网格世界

图 3-4-5 比较了具有原型调整的自适应模糊 Kanerva 编码在解决四室问题时的测试实例的平均求解率。结果表明,与使用自适应和自适应模糊方

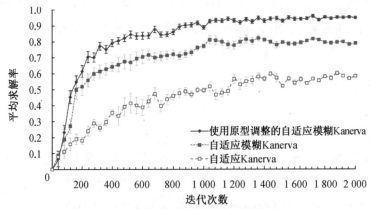

图 3-4-5　在 32×32 四室网格世界中,
自适应模糊 Kanerva 编码的测试实例的平均求解率

第三章　基于模糊逻辑的函数近似技术

法相比,使用带有原型调整的自适应模糊 Kanerva 编码能提高测试实例的求解率。例如,与使用自适应和自适应模糊方法相比,使用带有 2 000 个原型与原型调整的自适应模糊 Kanerva 编码的测试实例的平均求解率分别从 58.4% 和 78.9% 提高到 94.9%。这些结果再次证明,使用带有原型调整机制的自适应模糊 Kanerva 编码可以大大提高结果的质量。

第五节　本章小结

本章深入探讨了捕食者-猎物问题中一类特别棘手的追逐实例,揭示了频繁的原型冲突是性能不佳的主要原因。通过实施动态原型分配和调整,已经取得了减少冲突并改善结果的初步成效。然而,尽管有所改善,冲突率仍然较高,特别是在处理大规模实例时,性能依然不尽如人意。因此,随着状态-动作空间维度的扩大,迫切需要探索更为有效的策略以彻底消除冲突。

在此基础上,本书提出了一种基于 Kanerva 函数近似的新型模糊方法。这种方法通过使用细粒度模糊成员等级来描述状态-动作对与每个原型之间的邻接关系,进一步精细化了状态的表示。结合自适应原型分配,这种方法能够有效区分成员向量,从而显著降低冲突率。实验结果显示,这种自适应模糊 Kanerva 方法在性能上优于传统的纯自适应 Kanerva 算法。本章分析了原型密度在整个状态-动作空间中的变化情况,并发现原型的感受野在空间中的分布极不均匀。这种不均匀分布意味着空间中某些密集或稀疏区域的状态-动作对更可能具有相似的成员向量,从而限制了基于 Kanerva 编码的强化学习器的性能。为了应对这一问题,本章进一步开发了基于 Kanerva 的函数近似的模糊框架,允许调整原型感受野以平衡原型密度变化的影响。通过这种调整,能够在整个状态-动作空间中更均匀地分布原型,从而进一步提高了测试实例的平均求解率。

本章的研究结果表明,带有原型调整的自适应模糊 Kanerva 编码能显著提高强化学习器解决大规模高维问题的能力。通过详细地分析不同原型配置对性能的影响后发现,优化原型分布和调整策略是提升高维状态-动作空间问题求解效率的关键。例如,通过增加原型的数量和改进其分配方式,可以更有效地覆盖整个状态-动作空间,从而打破因原型配置不当引起的性能瓶颈。

本章还探讨了原型动态调整策略的实现细节,包括原型的初始化、更新和淘汰机制。本章采用了基于性能反馈的原型更新策略,允许系统根据实际运行中遇到的具体情况动态调整原型的配置。这种策略不仅提高了算法的自适应性,也增强了算法在多变环境中的鲁棒性。

此外,本章还引入了一种高效的原型监测与调整机制,通过实时监控原型的活跃度和效率,动态地调整原型的数量和分布。这种机制可以在不影响系统总体性能的前提下,灵活地减少或增加原型的数量,从而确保计算资源的最优使用。例如,当某些原型在长时间内未被有效利用时,系统会自动减少这些原型的数量;而当某个区域的状态-动作对变得复杂时,系统则会增加原型的数量以应对这一变化。这样的自适应调整不仅提高了系统的运行效率,还增强了对复杂环境的适应能力。

在理论上,本章还深入探讨了模糊 Kanerva 编码与其他类型的状态-动作表示方法的对比,特别是与深度学习方法的结合潜力。研究发现,虽然深度学习方法在处理高维数据方面具有明显的优势,但在某些情况下它们的泛化能力受限。相比之下,模糊 Kanerva 编码方法由于其高度的模块化和可解释性,更适合在需要高度精确控制和解释能力的场景中使用。此外,模糊 Kanerva 编码的自适应性使其在动态变化的环境中表现出色,这是深度学习方法难以匹敌的。本章还展示了通过在不同环境和问题设置中进行广泛的模拟实验来验证方法的有效性。实验结果表明,自适应模糊 Kanerva 编码方法不仅能显著提高求解精度,还能在各种环境下保持稳定的性能。这些实验涵盖了从简单的捕食者-猎物追逐问题到复杂的多智能体协作和竞争任务,验证了方法的广泛适用性和高效性。

通过对捕食者-猎物问题中的追逐实例进行深入分析,证明了动态原型分配和调整的必要性与有效性。本章提出的基于 Kanerva 函数近似的模糊方法不仅成功降低了冲突率,还通过自适应调整原型分布,显著提高了强化学习器解决大规模高维问题的能力。未来的工作将进一步探索如何优化这些方法以应对更广泛的应用场景,同时研究如何将这些先进的技术与其他机器学习策略相结合,以解决更为复杂和动态的问题。

第四章
基于粗糙集理论的函数近似技术

在强化学习中,函数近似的效率对于学习过程的效果来说是至关重要的。模糊 Kanerva 编码作为一种改进的函数近似方法,通过使用细粒度的模糊成员度来描述状态-动作对与每个原型的相邻关系,提供了一种有效的方式来减少或消除原型冲突。模糊成员度使得每个状态-动作对可以更加精细地映射到原型空间,这不仅增强了模型的表达能力,也提高了泛化能力。这种方法特别适用于环境中有高度重叠或相似状态的场景,因为它能够区分那些经常被访问的状态-动作对。

然而,尽管模糊 Kanerva 编码在理论上和实验初期显示出优越性,但进一步实验表明,该方法在处理复杂的大规模实例时表现出一定的局限性,特别是在动态调整原型数量时,模型的性能往往不稳定。这种不稳定性可能来源于原型数量的非最优选择,导致在复杂环境中无法充分捕捉状态-动作空间的全部复杂性。

为了解决这一问题,本书进一步研究了如何通过粗糙集理论来提高模糊 Kanerva 编码的效率。粗糙集理论提供了一种评估数据不可区分性的方法,其能够根据数据本身的结构来动态调整和选择原型数量。通过应用粗糙集理论,可以更精确地测量近似值函数与真实值函数之间的近似程度,并据此判断是否需要增加或减少原型数量。

具体来说,先构建一个基于状态-动作对的等价类集合。每个等价类代表一组在某种程度上行为相似的状态-动作对。通过粗糙集的下近似和上近似集合,能够识别哪些状态-动作对是关键的(在下近似集合中的对),以及哪些可能是关键的(在上近似集合但不在下近似集合中的对)。这种区分为Kanerva编码提供了一种更为科学的原型选择和分配依据。

然后通过属性约简来确定哪些特征对描述状态-动作对是至关重要的。这不仅减少了模型的复杂性,也提高了运算效率。在原型选择方面,采用动态调整机制,根据当前学习任务和环境的变化实时调整原型的数量与配置。这样的自适应方法显著提高了模型面对新状态时的灵活性和效应速度。

本章的研究结果显示,基于粗糙集的Kanerva编码方法不仅在标准强化学习任务中表现优越,而且在传统方法难以处理的大规模和高复杂性任务中也显示出了卓越的性能。通过这种方法,本章成功地将模糊Kanerva编码的理论优势转化为实际应用中的持续性能提升。

通过结合模糊Kanerva编码和粗糙集理论,本章提出了一种新的强化学习函数近似框架。这种框架不仅稳定了模糊Kanerva编码的性能,而且通过动态原型管理提高了其适应性和效率,展示了在复杂环境中处理大规模学习任务的巨大潜力。这一研究不仅拓展了Kanerva编码的应用范围,也为未来的强化学习研究提供了新的方向和工具。

第一节 不同数量原型影响的实验评估

基于Kanerva的函数近似的效率在很大程度上取决于原型的数量。很明显,随着原型数量的减少,函数近似器的效率也会降低。因此,本章研究了当原型数量减少时,如何采用自适应Kanerva编码改进强化学习器的性能。

本章将自适应Kanerva编码的Q-learning应用于捕食者-猎物追逐实例来评估改变原型数量的效果。状态-动作对表示为原型向量,并且所有原型都是随机选择的。概率原型删除和原型分割被用作特征优化。原型数量从 300 到 2 500 不等,网格大小从 8×8 到 32×32 不等。

表 4-1-1 显示了随着原型数量和网格大小的变化,使用自适应 Kanerva 编码的 Q-learning 的测试实例的平均求解率。表中的值代表求解率的最终收敛值。结果表明,随着原型数量的减少,自适应 Kanerva 编码的测试实例的平均求解率也在减少,这与传统 Kanerva 编码和自适应模糊 Kanerva 编码下的行为相似。

表 4-1-1 使用自适应 Kanerva 编码的 Q-learning 的测试实例的平均求解率

原型数量	不同网格大小的平均求解率		
	8×8	16×16	32×32
300	81.3%	49.6%	23.3%
400	92.3%	52.3%	28.3%
600	98.9%	82.4%	37.0%
700	99.0%	90.4%	41.7%
1 000	99.2%	94.5%	62.8%
1 500	99.3%	95.7%	77.6%
2 000	99.5%	95.9%	90.5%
2 500	99.5%	96.1%	92.4%

图 4-1-1 显示了当原型数量从 2 500 个减少到 300 个时,采用自适应 Kanerva 编码的 Q-learning 的困难测试实例的平均求解率。从表 4-1-1 中可以看出,当原型数量减少时,8×8 网格的测试实例的平均求解率从 99.5% 降至 81.3%,16×16 网格的平均求解率从 96.1% 降至 49.6%,32×32 网格的平均求解率从 92.4% 降至 23.3%。这表明,随着原型数量的增加,基于自适应 Kanerva 的函数近似的效率在不断提高。

遗憾的是,实际应用中往往没有足够的内存来存储大量原型,因此必须考虑如何生成适当数量的原型来提高基于 Kanerva 的函数近似的效率。

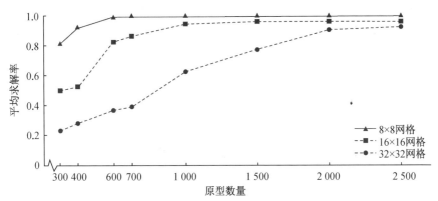

图 4-1-1 采用自适应 Kanerva 编码的 Q-learning 的困难测试实例的平均求解率

第二节 粗糙集和 Kanerva 编码

一、粗糙集理论

粗糙集理论是一种用于处理不确定性和模糊性的数据分析方法,由波兰科学家 Z. 帕夫拉克(Z. Pawlak)于 1982 年提出。这种理论主要关注如何用精确的方式从含有不完整或不确定信息的数据中提取有用知识。它在数据挖掘、机器学习、决策支持系统等领域有广泛的应用。

粗糙集理论的理论基础常用于处理和分析含有不确定性和模糊性的数据。这一理论提供了一种基于等价关系的数据分析框架,主要涉及下近似集、上近似集及边界区域等概念。以下是对这些核心概念的详细讨论和扩展。

(一)粗糙集理论的基本概念

1. 等价类和等价关系

粗糙集理论的基础是在给定数据集上定义的等价关系。等价关系是一种数学关系,它将数据集分割成多个子集,这些子集称为等价类。在等价类中,所有元素在某些特定属性上是相同的。例如,如果考虑一个人口统计数据集,可以根据出生年份将个体分组,每个等价类包括所有在同一年出生的个体。

等价关系是通过选择一组属性来定义的,通常这些属性是研究者根据研究目的挑选的。数据集中的每个对象在这些属性上的值如果相同,那么这两个对象在定义的等价关系下是不可区分的。等价关系是粗糙集方法中分析数据的初始步骤,因为它定义了数据的基本组织结构。

2. 下近似集和上近似集

在定义了等价关系之后,粗糙集理论使用这些关系来构造目标集的近似。这些近似是通过下近似集和上近似集来定义的,它们提供了包含不确定性的情况下目标概念的边界。

下近似集:包含所有已确定属于目标集的对象。这意味着若所有等价类中的对象都属于目标集,则这个等价类完全包含在下近似集中。下近似集表示数据中对目标概念的安全、保守的刻画。

上近似集:包含所有可能属于目标集的对象。若一个等价类中的任何对象属于目标集,则整个等价类都被包含在上近似集中。这提供了一个潜在的、更宽泛的目标集视图。

3. 边界区域

边界区域是上近似集和下近似集之间的差集,其中包含了不能明确判断是否属于目标集的对象。边界区域的存在是粗糙集理论处理不确定性数据的关键。对象属于边界区域意味着根据当前信息和所选属性无法确定其是否确实符合目标概念的标准。这些区域的存在凸显了数据中的不完整性或不一致性,为进一步的数据收集或分析提供了方向。

4. 属性约简

属性约简是粗糙集理论中的一个核心概念,它涉及识别和移除数据集中的冗余属性,从而简化数据分析模型而不损失重要信息。在粗糙集理论框架下,属性约简的目标是找到一个最小的属性子集,这个子集在对数据分类或做决策时与使用所有属性一样有效。这个过程对于提高数据处理的效率、减少计算成本及提高决策质量至关重要。

粗糙集理论中的属性约简依赖于对数据集内对象间的不可区分性(indiscernibility)关系的分析。当数据集中的对象在某个属性子集上具有相同的值时,它们就被认为是不可区分的。属性约简的目的是找到最小的属性子集,使得基于这些属性的不可区分性关系与基于整个属性集的不可区分性关系一致。属性约简的步骤如下。

① 构建等价类:首先,基于每个属性独立构建等价类。等价类是数据集中在某属性下具有相同值的对象集合。

② 分析依赖度:依赖度是度量一个属性集对另一个属性集分类能力的指标。例如,决策属性的依赖度显示了条件属性集对决策结果分类的影响程度。须计算每个属性及属性组合的依赖度。

③ 寻找核心属性:核心属性是如果被移除就会导致依赖度显著下降的属性。这些属性被视为数据分类中不可或缺的。

④ 逐步属性选择:从核心属性开始,逐步添加其他属性,每次添加后计算新属性集的依赖度。若添加某属性能显著提高依赖度,则保留该属性;否则,考虑舍弃。

⑤ 验证和测试:通过交叉验证或其他统计测试方法来测试约简后的属性集在实际应用中的有效性和准确性。

属性约简在数据挖掘和知识发现中非常重要。它不仅减少了数据的维度,还有助于揭示数据中最具影响力的因素,这对于建立有效的预测模型和决策支持系统至关重要。在实际应用中,如医疗诊断、股票市场分析、客户关系管理等领域,通过属性约简可以显著提高数据处理速度和决策质量。

(二) 关键特点

粗糙集理论的关键特点源于其独特的理论框架和方法论,这些方法特别适用于处理不确定性和模糊性数据。这一理论提供了一种无须依赖外部概率分布和误差模型的数据分析方法,具有以下几个显著的关键特点。

1. 处理不确定性和模糊性数据

粗糙集理论的核心特点是处理信息的不完整性和不确定性。通过定义数据中对象的下近似集和上近似集,粗糙集理论能够区分数据中确定属于某一类别和可能属于某一类别的对象集合。这种方法使得粗糙集理论在无法确保数据完整性和一致性的实际情况下,特别是在信息系统和数据库出现常见问题,如数据缺失、数据错误或数据不一致时,表现出极强的适用性和灵活性。

2. 不需先验知识

粗糙集理论的另一个关键特点是它不依赖于任何先验知识,如概率分布和错误率等。这与传统的统计方法形成鲜明对比,后者通常需要基于特定的假设或模型。粗糙集理论仅依赖于输入数据本身,通过数据内在的属性关系来揭示数据的结构和模式。这使得粗糙集理论在数据探索初期特别有用,能够帮助研究人员和分析师直观地理解数据特点,而无须对数据做出任何假设。

3. 属性约简

属性约简是粗糙集理论中一个非常重要的应用,它有助于识别出数据中的冗余或不重要的属性。通过删除这些不必要的属性,可以简化数据模型,提高数据分析的效率和效果。粗糙集理论中的属性约简方法基于数据的等价类结构,寻找最小的属性集合,这些属性集合保持了数据分类的完整性。这一特点使得粗糙集理论在特征选择和数据预处理过程中非常有效,尤其是在面对高维数据时。

4. 知识发现

粗糙集理论提供了一种有效的知识发现工具,可以从数据中提取有用的规则和模式。这些规则和模式以逻辑规则的形式表现,易于理解和实施。粗糙集理论特别适合于生成决策规则和分类规则,这些规则可以直接应用于决策支持系统和智能系统。通过分析数据的下近似集和上近似集,粗糙集理论能够生成描述数据类别边界的决策规则,这些规则在处理分类和预测问题时特别有价值。

5. 灵活的数据适应性

粗糙集理论在不同类型和质量的数据集上都能适用,其中包括定量数据和定性数据。这种适应性使粗糙集理论可以广泛应用于各学科和领域,如医疗健康、金融分析、社会科学研究及工程技术等。此外，粗糙集的方法论可与其他数据分析方法，如神经网络、统计学方法和机器学习技术等结合使用，提供更为全面且深入的数据分析结果。

(三) 应用领域

粗糙集理论自1982年被提出以来，已经广泛应用于多个领域，特别是在数据分析、知识发现和决策支持系统等方面展示了其独特的优势。这些应用领域不仅涵盖了科学研究，还扩展到了商业分析、医疗、工程等多个实际领域。以下详细介绍粗糙集理论的主要应用领域。

1. 数据挖掘和知识发现

粗糙集理论在数据挖掘和知识发现领域中尤其有用，它可以从大量的数据中提取出有用的信息和知识。通过使用粗糙集的属性约简技术，可以有效地识别出对决策过程最具影响力的变量。此外，粗糙集理论能够生成易于理解的决策规则，这些规则不仅能帮助研究人员理解数据中的模式，也便于在实际操作中应用。

2. 医疗健康

在医疗健康领域，粗糙集理论被用来分析患者数据，以预测疾病的发展和结果，帮助医生做出更好的诊断和治疗决策。例如，通过分析病人的临床参数，粗糙集模型可以识别影响疾病结果的关键因素，从而指导医生制订个性化治疗方案。这种方法在患者信息不一致的情况下尤为有效。

3. 金融分析

在金融分析领域，粗糙集理论被应用于信用评分、风险管理和股票市场分析等方面。粗糙集模型可以帮助金融机构分析客户数据，识别信用风险，并制订相应的信贷策略。此外，通过对市场数据的分析，粗糙集理论可以帮助投资者识别股票的购买或销售信号，从而做出更加明智的投资决策。

4. 工程和制造业

在工程和制造业领域，粗糙集理论被应用于产品质量分析、故障诊断和过程控制。通过分析生产过程中的数据，粗糙集理论有助于识别生产过程中的关键因素，预测产品的质量问题。这种方法能够有效地提高生产效率和产品质量,降低生产成本。

5. 环境科学

在环境科学领域,粗糙集理论被用来分析和预测环境变化,如气候变化、污染水平等。通过对环境数据的分析,粗糙集模型可以帮助研究人员识别导致环境变化的关键因素,并评估不同环保政策的效果,有助于制定更有效的环境保护措施和政策。

6. 教育和培训

在教育和培训领域,粗糙集理论可以被用来分析学生的学习数据,识别影响学习效果的关键因素,从而帮助教师优化教学方法和提高教学质量。此外,粗糙集理论也被用于评估和改进教育政策与程序,确保教育资源的有效利用。

7. 社会科学

在社会科学领域,粗糙集理论被用来分析社会调查数据,探索社会现象背后的因果关系。通过这种分析,研究人员可以更好地理解社会行为的动态,并为制定社会政策提供科学依据。

二、Kanerva 编码

在传统的 Kanerva 编码中,从状态-动作空间中选择一组状态-动作对作为原型。假设 P 是原型的集合,Λ 是状态-动作空间中所有可能的状态-动作对的集合,SA 是求解器遇到的状态-动作对的集合。对于基于 Kanerva 的函数近似,$P \subseteq \Lambda, SA \subseteq \Lambda$。目标是用一组原型 P 来表示一组观察到的状态-动作对 sa。也就是说,任意给定一组状态-动作对 sa,希望用原型集 P 导出的近似集来表示这组状态-动作对。

假设函数 $f_p(sa)$ 表示原型 p 和状态-动作对 sa 之间的邻接关系。也就是说,若 sa 与 p 相邻,则 $f_p(sa)$ 等于 1,否则等于 0。

状态-动作对与所有原型的邻接值集合称为状态-动作对的原型向量。在原型集 P 的基础上,定义了一种不可辨别关系,记为 $IND(P)$:

$$IND(P) = \{(sa_1, sa_2) \in \Lambda^2 \mid \forall p \in P, f_p(sa_1) = f_p(sa_2)\}$$

其中，p 是原型，sa_1 和 sa_2 是两个状态-动作对，即 $sa_1 \in SA$，$sa_2 \in SA$。如果集合 SA 中的任意两个状态-动作对 sa_1 和 sa_2 都无法用 P 中的原型辨别，那么称 sa_1 和 sa_2 之间存在关联的不可辨别关系。具有相同不可辨别关系的状态-动作对集合被定义为等价类，第 i 个等价类表示为 E_i^P。因此，原型集 P 将集合 SA 划分为一个等价类集合，记为 $\{E^P\}$。

例如，假设求解器会遇到 10 个状态-动作对 $(sa_1, sa_2, sa_3, \cdots, sa_{10})$，并且有 6 个原型 $(p_1, p_2, p_3, \cdots, p_6)$，现尝试用原型来表示每个状态-动作对。表 4-2-1 列出了状态-动作对与原型之间的邻接关系示例。当考虑原型时，可以归纳出以下等价类：

$(E_1^P, E_2^P, E_3^P, E_4^P, E_5^P, E_6^P, E_7^P) = (\{sa_1\}, \{sa_2\}, \{sa_3\}, \{sa_4, sa_5\}, \{sa_9\}, \{sa_6\}, \{sa_7, sa_8, sa_{10}\})$

表 4-2-1　状态-动作对与原型之间的邻接关系示例

	p_1	p_2	p_3	p_4	p_5	p_6
sa_1	0	0	0	0	1	1
sa_2	1	0	0	1	1	1
sa_3	1	1	0	0	0	1
sa_4	0	1	0	0	1	1
sa_5	0	1	0	0	1	1
sa_6	1	1	0	1	0	1
sa_7	0	0	0	0	0	1
sa_8	0	0	0	0	0	1
sa_9	0	1	1	1	1	1
sa_{10}	0	0	0	0	0	1

示例等价类的图示如图 4-2-1 所示。

原型集导出的等价类结构对函数近似有很大影响。当每个状态-动作对都有唯一的原型向量时，Kanerva 编码的效果最佳。也就是说，原型集导出的理想等价类集合中应各自包含不超过一个状态-动作对。如果两个或两个以

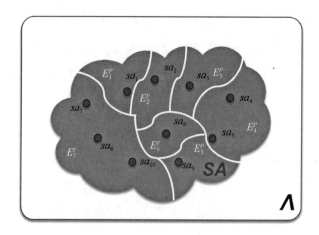

图 4-2-1　示例等价类的图示

上的状态-动作对处于同一等价类中,那么这些状态-动作对相对于原型来说是不可辨别的,从而导致原型冲突。

给定一组原型后,一个或多个原型可能不会影响导出等价类的结构,因此不利于区分状态-动作对,可以用更有用的原型来替换这些原型。为此,可使用原型集的约简。约简原型是原型的一个子集 $R \subseteq P$,它能满足以下条件:①$\{E^R\} = \{E^P\}$,即约简原型集导出的等价类与原始原型集导出的等价类相同;②R 最小,即 $\{E^{(R-\{p\})}\} \neq \{E^P\}$ 对于任何原型 $p \in R$ 都是最小的。因此,在不改变等价类 E^P 的情况下,不能从约简原型集合 R 中删除任何原型。

在上例中,子集 (p_2, p_4, p_5) 是原始原型集 P 的约简。这一点很容易证明,因为:①所导出的等价类与原始原型集导出的等价类结构相同;②消除其中任何一个原型都会改变所导出的等价类结构。

用约简原型替换原型集可以减少不必要的原型。自适应原型优化也可以通过删除很少访问的原型来减少不必要的原型,但这种方法无法减少访问量大但不必要的原型,如上例中的原型 p_6。请注意,所有状态-动作对都与该原型相邻,但删除该原型并不会改变等价类的结构。

本章评估了传统 Kanerva 编码和自适应 Kanerva 编码中等价类的结构与原型约简,将具有 2 000 个原型的传统 Kanerva 和自适应 Kanerva 应用于不同规模的捕食者-猎物实例样本。

图4-2-2显示了所有等价类中包含两个或更多状态-动作对的等价类的

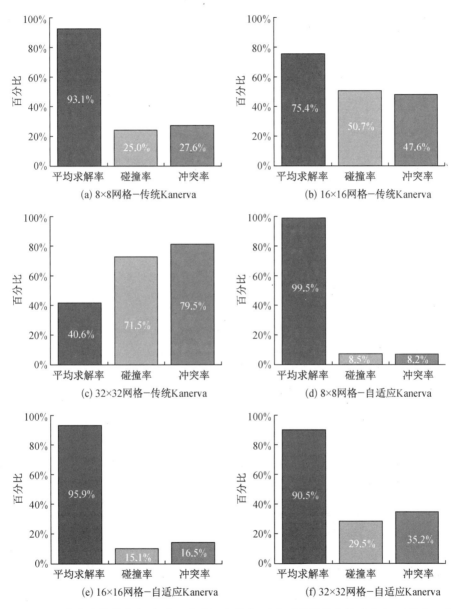

图4-2-2　在所有等价类中,包含两个或更多状态-动作对的等价类的冲突率,以及在3种网格中使用传统Kanerva和具有基于频率的原型优化的自适应Kanerva的相应平均求解率和碰撞率

冲突率,以及在3种网格中使用传统Kanerva和具有基于频率的原型优化的自适应Kanerva的相应平均求解率和碰撞率。这些结果表明,随着包含两个或更多状态-动作对的等价类的冲突率增加,每种算法的性能都会下降。例如,对于传统算法,随着网格大小的增加,碰撞率从25.0%增加到71.5%,平均求解率从93.1%下降到40.6%,而包含两个或更多状态-动作对的等价类的冲突率从27.6%增加到79.5%。对于自适应算法,随着网格大小的增加,碰撞率从8.5%增加到29.5%,平均求解率从99.5%下降到90.5%,而包含两个或更多状态-动作对的等价类的冲突率从8.2%增加到35.2%。

结果还表明,自适应Kanerva算法相对于传统算法的性能改进是由于包含两个或更多状态-动作对的等价类的冲突率减少。例如,在网格大小为32×32的情况下,自适应算法将包含两个或更多状态-动作对的等价类的冲突率从79.5%降至35.2%,而自适应算法的平均求解率则从40.6%提高到90.5%。

图4-2-3显示了使用传统的和自适应的具有2 000个原型的基于Kanerva函数近似的优化方法进行原型约简后剩余原型的比例。每个矩形都显示了原型的原始数量和最终数量。结果表明,使用较少的原型就能保持等价类的结构。例如,使用基于频率原型优化的自适应算法的1 821个原型导出的等价类与网格大小为32×32的2 000个原型导出的等价类相同。

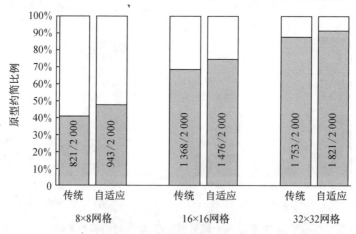

图4-2-3 使用传统的和自适应的具有2 000个原型的基于Kanerva函数近似的优化方法进行原型约简后剩余原型的比例

第三节　基于粗糙集的 Kanerva 编码

针对函数近似的原型优化，一种更可靠的方法是应用粗糙集理论来重构基于 Kanerva 的函数近似。在基于频率的原型优化中，不使用访问频率，而是关注原型集所导出的等价类结构，这是函数近似效率的一个关键指标。当包含两个或更多状态-动作对的等价类的比例增加时，基于 Kanerva 编码的强化学习器的性能就会下降。由于原型约简可以保持等价类结构，因此原型删除可以通过用原始原型集的约简替换原型集来实现。由于只有当两个状态-动作对处于同一等价类时才会发生原型冲突，因此原型生成应减少包含两个或更多状态-动作对的等价类的比例。

一、原型删除和生成

在基于粗糙集的 Kanerva 编码中，如果等价类的结构保持不变，函数近似的效率也不会改变。用原型约简替换原型集显然可以减少不必要的原型。因此，通过寻找原始原型集 P 的约简 R 来实现原型删除。本书把这种方法称为基于约简的原型删除。

需要注意的是，原型集的约简并不一定是唯一的，可能存在许多保留等价类结构的原型子集。下面的算法可以找到原始原型集的约简。逐一考虑每个原型 P，对于原型 $p \in P$，如果 $P-\{p\}$ 导出的等价类集合 $\{E^{P-\{p\}}\}$ 与 P 导出的等价类集合 $\{E^P\}$ 不相同，即 $\{E^{P-\{p\}}\} \neq \{E^P\}$，那么 p 在原始原型集 P 的约简 R 中，即 $p \in R$；否则，p 就不在约简 R 中，即 $p \notin R$。然后从原型集 P 中删除 p 并考虑下一个原型。最后的集合 R 是原始原型集合 P 的约简。找到原始原型集的一系列随机约简，然后选择元素最少的约简作为原始原型集的替代。基于还原的原型优化只需对原型进行几次遍历，且耗时很短。对于 n 个状态-动作对和 p 个原型，复杂度为 $O(n*p^2)$。删除原型后，该原型的 θ 值会累积到最近的原型。

在基于粗糙集的 Kanerva 编码中，如果只包含一个状态-动作对的等价类数量增加，原型冲突的可能性就会降低，函数近似的效率也会提高。如果一个等价类包含两个或两个以上的状态-动作对，那么就有可能通过添加一个与其中一个状态-动作对相同的新原型来拆分该等价类。因此，通过添加新原型来实现原型生成，这些新原型将等价类拆分为两个或更多状态-动作对。本书将这种方法称为基于等价类的原型生成。

对于包含 $n(n>1)$ 个状态-动作对的任意等价类，随机选择 $\log(n)$ 个状态-动作对作为新原型。请注意，该值是区分包含 n 个元素的等价类中所有状态-动作对所需的最小原型数量。这种算法并不能保证每个等价类都会被拆分成包含一个状态-动作对的新类。例如，这种方法无法拆分一个包含两个相邻状态-动作对的等价类。在这种情况下会添加一个新原型，它是一个状态-动作对的相邻原型，但不是另一个状态-动作对的相邻原型。

二、基于粗糙集的 Kanerva 编码算法

算法 2 描述了利用基于粗糙集的原型优化的自适应 Kanerva 编码实现 Q-learning 的算法。该算法首先初始化参数，然后重复执行带有自适应 Kanerva 编码的 Q-learning 算法。原型定期进行自适应更新。在每个更新周期，都会记录遇到的状态-动作对。为了更新原型，算法首先要确定所遇到的状态-动作对集合的等价类相对于原始原型的结构。然后，用随机生成的 10 个约简中元素最少的约简来替换原始原型集，从而删除不必要的原型。为了分割大的等价类，算法会从这些等价类中随机选择新的原型。对于有两个相邻状态-动作对的等价类，新原型是其中一个状态-动作对的相邻原型，而不是另一个状态-动作对的相邻原型。通过将新生成的原型添加到原始原型集的约简中来构建优化的原型集。

第四章 基于粗糙集理论的函数近似技术

算法 2：基于粗糙集的 Kanerva 编码的 Q-learning 伪代码

Main()
 选择一组原型 p 并初始化它们的 θ 值
repeat
  根据初始状态 ζ 和动作 a 生成初始状态-动作对 s
  Q-with-Kanerva(s, a, p, θ)
  Update-prototypes(p, θ)
until 所有循环都已遍历

Q-with-Kanerva(s, a, p, θ)
repeat
  采取动作 a，观察奖励 r，得到下个状态 ζ'
  $Q(sa) = \sum \theta$
  for 新状态 ζ' 下的所有的动作 a^* **do**
    从状态 ζ' 和动作 a^* 生成状态-动作对 sa'
    $Q(sa') = \sum \theta$
  end for
  $\delta = r + \gamma * \max Q(s') - Q(sa)$
  $\Delta \theta = \alpha * \delta$
  $\theta = \theta + \Delta \theta$
  if 随机概率 $\leqslant \varepsilon$ **then**
    for 当前状态 s 下的所有动作 a^* **do**
     $\hat{Q}(sa) = \sum \theta$
     $a = \arg\max_a Q(sa)$
    end for
  else
    $a =$ 随机动作
  end if
until s 是终端

Update-prototypes(p, θ)
Prototype-reduct-based-Deletion(p, θ)
Equivalent-class-based-Generation(p, θ)

Prototype-reduct-based-Deletion(p, θ)
$E(p) =$ 由 p 诱导的等价类
$p_{\text{reduct}} = p$
for $i = 0$ **to** 10 **do**
  $p = p_{\text{tmp}} - p$

$\overrightarrow{E(\hat{p})} = $ 由 p 诱导的等价类
If $E(\hat{p}) = E(p)$ then
  $p_{tmp} = \hat{p}$
End if
until 所有原型 $p \in p_{tmp}$ 被遍历
if $|p_{reduct}| > |p_{tmp}|$ then
  $|p_{reduct}| = |p_{tmp}|$
end if
end for

Equivalent-class-based-Generation (p,θ)
repeat
  $n = \text{size}(E(p))$
  if $n > 1$ then
    if $n = 2$ 并且两个状态-动作对 sa_1 和 sa_2 是邻居 then
     $p = p \bigcup \{p \mid p$ 是 sa_1 的邻居,但不是 sa_2 的邻居$\}$
    else
     repeat
      随机选择一个状态-动作对 sa
      $p = p \bigcup \{sa\}$
     until $[\log(n)]$ 生成新原型
    end if
  end if
until 所有等价类 $E(p) \in E(p)$ 被遍历

三、基于粗糙集的 Kanerva 编码的性能评估

本章用基于粗糙集的 Kanerva 编码来解决不同大小网格上的追逐实例,以此评估其性能。为了便于比较,将传统 Kanerva 编码和具有不同原型数的自适应 Kanerva 编码应用于相同的实例。传统 Kanerva 编码遵循 Sutton。具有自适应原型优化的 Kanerva 编码则是通过原型删除和原型分割实现的。在学习过程中实施基于粗糙集的 Kanerva 编码时,还会观察到原型数量及只包含一个状态-动作对的等价类的比例的变化。

图 4-3-1 显示了将传统 Kanerva 算法、自适应 Kanerva 算法和基于粗糙集的 Kanerva 算法应用于网格大小为 8×8、16×16 和 32×32 的实例时的测试实例的平均求解率。

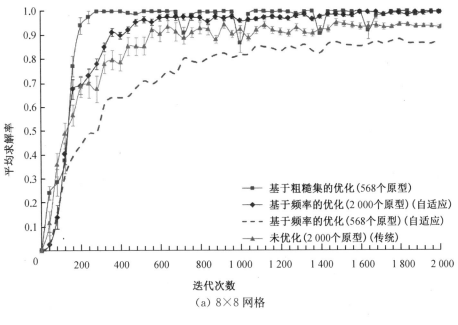

(a) 8×8 网格

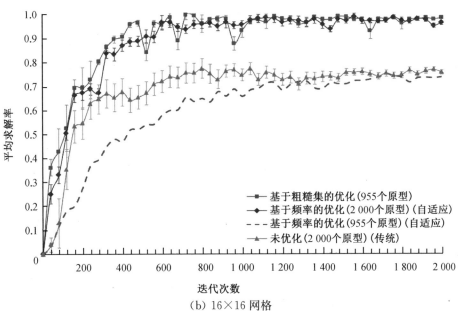

(b) 16×16 网格

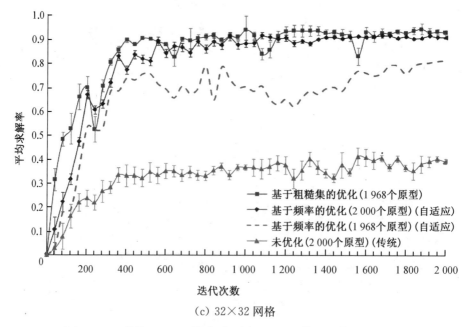

(c) 32×32 网格

图 4-3-1 传统 Kanerva 算法、自适应 Kanerva 算法和基于粗糙集的 Kanerva 算法的测试实例的平均求解率

实验结果表明,在使用相同数量的原型时,基于粗糙集的算法比自适应 Kanerva 算法的测试实例的平均求解率更高。例如,在经过 2 000 次迭代后,使用基于粗糙集的算法比使用自适应算法的测试实例的平均求解率在 8×8 网格中从 87.6% 增加到 99.4%,在 16×16 网格中从 73.4% 增加到 98.0%,在 32×32 网格中从 81.1% 增加到 92.8%。使用不同大小网格的结果表明,通过自适应改变原型的数量和分配,基于粗糙集的 Kanerva 编码使用的原型更少,性能更高。

在不同大小的网格下,与自适应 Kanerva 相比,基于粗糙集的 Kanerva 性能提高的百分比见表 4-3-1。结果表明,在不同大小的网格下,基于粗糙集的方法比自适应方法提高的性能始终超过 10%。这表明,基于粗糙集的方法可以可靠地提高基于 Kanerva 的强化学习器的能力。

表 4-3-1 与自适应 Kanerva 相比,基于粗糙集的 Kanerva 性能提高的百分比

网格大小	4×4	8×8	16×16	32×32	64×64
性能提高的百分比	13.2%	11.8%	24.6%	11.7%	16.5%

在不同大小的网格下,基于粗糙集的 Kanerva 编码对原型数量和等价类比例的影响如图 4-3-2 所示。

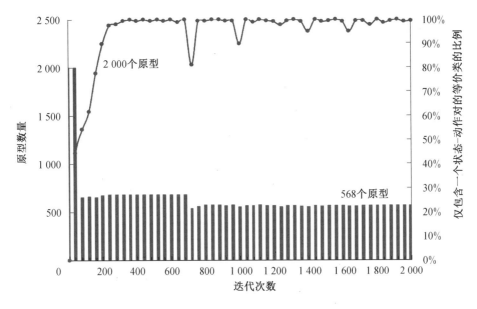

(a) 8×8 网格

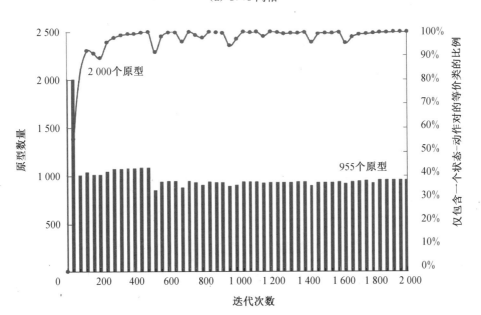

(b) 16×16 网络

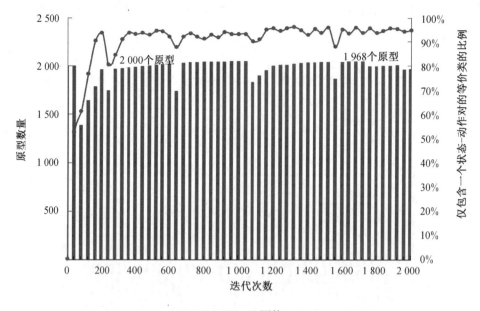

(c) 32×32 网格

图 4-3-2　基于粗糙集的 Kanerva 对原型数量和等价类比例的影响①

结果表明,基于粗糙集的算法减少了原型数量,增加了只包含一个状态-动作对的等价类的比例。例如,经过 2 000 次迭代后,在大小为 8×8、16×16 和 32×32 的网格中,基于粗糙集的算法分别将原型数量减少到 568、955 和 1 968 个,并将只有一个状态-动作对的等价类的比例分别提高到 99.5%、99.8%和 94.9%。这些结果还表明,基于粗糙集的 Kanerva 可以自适应地探索原型的最佳数量,并在特定应用中动态分配原型以获得等价类的最佳结构。

第四节　不同初始原型数量的影响

基于 Kanerva 的函数近似的准确性对原型的数量很敏感。一般来说,对于更复杂的应用,需要更多原型来近似状态-动作空间。Kanerva 编码的计算

---

① 对应彩图见书末插页。

复杂度也完全取决于原型的数量,更大的原型集可以更准确地近似更复杂的空间。传统 Kanerva 和自适应 Kanerva 都不能自适应地选择原型的数量。因此,原型数量对传统 Kanerva 和自适应 Kanerva 编码的效率有很大影响。如果原型的数量相对于状态-动作对的数量过多,Kanerva 编码的实施就会耗费不必要的时间。如果原型数量太少,即使原型选得再好,近似值也不会与真实值相似,并且强化学习器的效果也会很差。对于传统和自适应 Kanerva 编码来说,选择适当的原型数量是很困难的。在这些算法的大多数已知应用中,原型数量都是人工选择的。然而在特定的应用中,观察到的状态-动作对的集合仅限于所有可能的状态-动作对的固定子集。区分这组状态-动作对所需的原型数量也是固定的。

本章研究了使用不同初始原型数量的基于粗糙集的 Kanerva 编码的效果。基于粗糙集的算法,本章使用 0、250、500、1 000、1 500 或 2 000 个初始原型来解决 16×16 网格中的追逐实例。在 16×16 网格中使用基于粗糙集的 Kanerva 算法时,不同初始原型数量下原型数量的变化如图 4-4-1 所示。

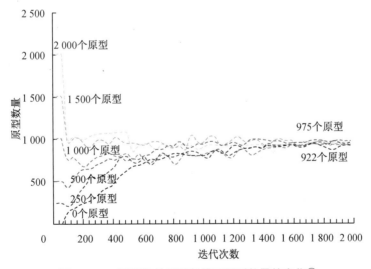

图 4-4-1 不同初始原型数量下原型数量的变化①

---

① 对应彩图见书末插页。

结果显示,原型数在 2 000 次迭代后收敛到 922 到 975 之间的固定数量,而且基于粗糙集的 Kanerva 编码能够在学习过程中自适应地确定原型的有效数量。

第五节 本章小结

Kanerva 编码是一种用于强化学习的函数近似的方法,它通过创建一个所谓的"原型"集合来表示环境状态。这些原型帮助学习器压缩并泛化输入空间中的信息,从而在大规模系统中实现有效的学习。然而,当面对复杂或动态变化的环境时,固定数量和分配的原型往往不能充分捕获环境的所有关键特征,导致学习性能下降。

传统方法中,原型的选择通常是静态的,一旦选择便固定不变,这在动态环境中显然是不适合的。例如,在捕食者-猎物的追逐实例中,环境状态随着时间的推进而变化,固定的原型集可能无法有效地捕捉到所有重要的状态变化,从而影响学习效果。

自适应 Kanerva 编码尝试通过动态调整原型的分配来解决这一问题,并根据环境状态的实时反馈调整原型。这种方法虽然在某种程度上提高了性能,但仍面临原型数量选择的挑战。过多或过少的原型都可能导致效率低下或泛化能力不足。

为了突破这些局限性,本书提出了基于粗糙集的 Kanerva 编码。这种新方法采用粗糙集理论的核心概念,即通过等价类和属性约简来优化原型集。在这种方法中,原型不再是简单地根据初始设定静态选择,而是根据状态-动作对的等价关系动态生成和调整。这种基于数据本身特性的自适应方法使原型更具代表性和针对性。

具体来说,算法先分析状态-动作空间中的数据,再根据粗糙集理论构建等价类。这些等价类根据它们对目标函数(如预期奖励)的贡献进行分析,不重要或冗余的等价类被合并或删除,仅保留那些对学习过程贡献最大的等价类。此外,如果某个等价类中包含多个状态-动作对,表明在这些状态-动作对之间存在高度的冲突,算法将进一步拆分这些等价类,以减少冲突并提高学习的精确度。

通过这种动态和基于数据驱动的原型调整策略,基于粗糙集的Kanerva编码能够自适应地选择最有效的原型数量,从而在不牺牲泛化能力的情况下提高学习效率。本章在多个大规模强化学习任务中测试了这一方法,其中包括复杂的追逐实例和其他动态环境模拟。结果显示,相比于传统和自适应Kanerva编码,基于粗糙集的方法在各种测试场景中都显示出显著的性能提升的特点。

这种基于粗糙集的方法不仅增强了Kanerva编码在强化学习应用中的灵活性和适应性,而且提供了一种新的视角来理解和处理学习过程中的状态表示问题。它突破了传统方法的局限性,为处理复杂、高维度的强化学习环境提供了一种新的有效工具。

第五章
强化学习函数近似技术的应用：认知无线电网络

第一节 概 述

随着无线通信的迅猛发展和无线设备的普及，无线频谱资源日益成为一种珍贵且有限的资源。全球范围内，越来越多的人在移动设备上进行语音通话、数据传输和互联网浏览，从智能手机到物联网设备，无线通信正深刻地改变着人们的生活和工作方式。尤其是随着5G及6G技术的崭露头角，无线通信进入了一个全新的时代。2017年，IMT-2020峰会明确指出，为满足5G的频谱需求，高频段至少需要14 GHz的频谱资源。5G技术不仅是移动通信产业进一步发展的手段，更是连接信息世界的关键桥梁，它将实现超高速数据传输、低延迟通信及大规模设备连接，极大地拓展了无线通信的应用领域。然而，这一技术的广泛应用和爆炸性增长，也对频谱资源提出了更高的要求。数据显示，从2010年到2020年，全球移动数据流量增长超过200倍，而从2010年到2030年，这一增长将接近惊人的2万倍。这样的发展趋势清楚地显示，现有的频谱资源难以满足无线电网络未来的发展需求。特别是在5G与物联网、工业互联网和车联网等领域的融合发展中,海量设备的接入和极速数据传输需求将引发网络流量的爆炸性增长。然而,频谱资源的稀缺性和有限性给频谱管理带来了极大的挑战。传统的频谱分配方式通常是固定且静态的,缺乏对频谱资源的动态感知与调整。频谱的固定分配使得部分频段被闲置,而其他频段则可能因为拥塞而难以应对日益增长的通信需求。

一、认知无线电网络介绍

(一) 理论介绍

构建合适的认知无线电网络模型来模拟实际场景,被认为是解决认知无线电领域问题的主要手段之一。认知无线电网络由多个授权网络和非授权网络组成,在授权网络中主基站负责分配主用户特定的授权频段进行信息交流。由于主用户对授权频段的使用受时间和空间的影响,并不会一直使用其特定的授权频段,当某段时间频谱未被有效利用时,就会产生"频谱空穴",而"频谱空穴"是频谱利用率低的主要原因。非授权网络由没有授权频段的用户构成,这部分用户能够感知网络中的"频谱空穴"并且在保证不对主用户造成较大干扰的前提下以机会式接入频谱,从而提高频谱利用率。认知无线电网络能够自适应网络中的变化,这是由认知无线电网络的频谱感知、频谱共享、频谱决策和频谱迁移共同实现的。

(1) 频谱感知。频谱感知是指在保证不干扰授权用户的前提下,在特定的时间和位置通过信号检测与处理的技术手段来获取频谱信息,其主要目的是发现"频谱空穴"。频谱感知的好坏是决定高效频谱分配的前提。

(2) 频谱共享。频谱共享是指次用户在不干扰主用户的前提下共享频谱资源。频谱共享的效果取决于频谱感知和频谱分配策略的好坏。

(3) 频谱决策。频谱决策是根据频谱感知得到的频谱相关信息以及服务质量要求来选择最适合用户的"频谱空穴"频段,通过调整次用户的发射功率并让该次用户接入信道,从而提高频谱资源的利用率。

(4) 频谱迁移。认知无线电网络中的频谱迁移的主要目标是认知次用户能够实现"频谱空闲"信道中的无缝切换。频谱迁移分为频谱切换和连接管理。频谱切换是指将当前正在进行的数据传输从当前的信道切换到另一个空闲信道的过程,然而这自然会导致与次用户通信的额外延迟。连接管理是指在动态频谱环境中,通过协调和维护通信连接,确保次用户在频谱切换过程中实现无缝通信的机制。

(二)基于认知无线电的频谱分配技术分类

频谱资源分配按照网络结构、合作方式等可分为如下类别。在实际使用中不同类别的频谱分配技术是混合使用的。

1. 基于网络结构分类

(1)集中式频谱分配。集中式频谱分配的通信网络设置了一个集中控制器(如认知基站、中央接入点),在认知无线电网络中中央控制实体周期性地收集从所有认知用户处获得的频谱特性,对频谱特性进行分析后将信道分给网络中的认知用户。集中式频谱分配具有能够通过一个控制装置获取全局信息的优点。在环境简单的场景中,集中式频谱分配相较于分布式频谱分配而言更容易实现合理的频谱分配。

(2)分布式频谱分配。不同于集中式频谱分配,该分配方案的认知网络中并无集中控制器,且所有认知用户需要与网络中一定范围的其他认知用户进行信息交换,根据其采取的分配策略自行进行决策。由于分布式频谱分配中的认知用户只在一定范围内进行信息交换,若部分信息发生了变化也只需改变一定范围内的决策,因此分布式频谱分配具有自适应能力较强、决策速度更快的特点。

2. 基于合作方式分类

(1)合作式频谱分配。在合作式频谱分配的认知无线电网络中每个次用户相互合作来实现最终共同的目标,因此每个次用户不仅需要考虑自身的利益,还需要考虑自身采取的策略是否会影响其他次用户的利益。这种频谱方式需要每个次用户知道其他次用户的信息,因此开销较大,但合作式频谱分配是最能体现公平性的分配方式。

(2)非合作式频谱分配。非合作式频谱分配的认知无线电网络中每个次用户不清楚其他次用户的信息,网络中的每个次用户做决策时不需要考虑网络中的其他次用户的利益而采取"自私"行为,因此非合作式频谱分配比合作式频谱分配收集信息的开销小。但一般情况下,这种频谱分配方案的公平性、资源利用率等网络性能低于合作式频谱分配,具体采取何种频谱分配方式取决于系统对开销、网络性能的要求。

3. 基于分配方式分类

(1) 静态频谱分配。静态频谱分配默认认知无线电网络中的环境信息不变化,因此静态频谱分配只需按照一成不变的方案分配资源给所有认知用户。静态频谱分配有着操作简单、开销小的优点,然而由于静态频谱分配的策略并不会随着用户的需求变化,因此频谱分配不灵活,频谱利用率较低。

(2) 动态频谱分配。动态频谱分配可以根据认知无线电网络中的用户需求变化自适应调整频谱分配策略。相比于静态频谱分配,动态频谱分配提高了频谱利用率,但是系统开销较大,且有一定的分配时延。

(3) 混合频谱分配。混合频谱分配结合静态频谱分配和动态频谱分配两种分配方案,在一定程度上降低了系统资源的开销,并有效提高了频谱资源的利用率。

4. 基于接入方式分类

(1) 交织式频谱分配。在交织式频谱分配中,次用户不允许和主用户共享同一频谱资源以防对主用户的通信造成干扰,次用户可以感知认知无线电网络中的所有可用频谱资源,当该频谱未被主用户占用而处于空闲状态时才允许被次用户访问,当主用户重新使用该频谱时次用户应当立即终止使用该频谱。该种方式能够最大限度地保证主用户的通信质量。

(2) 下垫式频谱分配。在下垫式频谱分配中,次用户允许和主用户共享同一频谱资源,前提是共享同一频谱资源中的所有次用户的发射功率对主用户造成的干扰低于规定的阈值。下垫式频谱分配能够最大限度地提高频谱资源利用率,但是由于下垫式频谱分配需要对次用户的发射功率进行控制,因此下垫式频谱分配不适合长距离通信。

(3) 重叠式频谱分配。在重叠式频谱分配中,次用户若需要进行通信,则必须找到附近有主用户占用的频道,并与主用户共享同一频道进行通信,且次用户需要控制自身的发射功率以防干扰主用户的正常通信。

（三）基于认知无线电的频谱分配目标

频谱分配的研究内容主要分为频道分配和功率控制。频道分配即分配频道给认知用户，分配原则是根据授权用户占用频道情况、认知用户对授权用户产生的影响、分配是否满足认知用户需求等方面综合考虑。功率控制的控制对象是与主用户共享频道资源的认知次用户，功率控制目标有如下三个。

1. 保证主用户正常通信

占用同一频道的次用户的发射功率会对主用户的信号产生干扰，主用户作为频道的主要授权用户其正常通信是不允许被损害的，因此次用户要想接入主用户的频道，需要保证其发射功率和占用同一频道的其他次用户的发射功率之和不会高于主用户允许的最大干扰阈值。

2. 发射功率最小化

认知用户较大的发射功率会对主用户产生较大的干扰，为防止突发的频谱切换等不可控情况造成接入频道的次用户对主用户的干扰超过阈值的情况发生，应该尽量减少成功接入频道的认知用户的发射功率。最小化认知次用户的发射功率是主用户正常通信的保障。

3. 保障认知用户的服务质量要求

评价认知用户 QoS 的指标包括低延时、最大化系统总吞吐量等。在主用户共享频道的场景中，认知次用户的发射功率太大，容易影响主用户正常通信，因此需要适当降低次用户的发射功率，从而满足主用户阈值的要求。但这也会对 QoS 产生影响，因此如何既能保证主用户正常通信不被干扰又能提高次用户的 QoS 是功率控制的主要研究难点。

（四）频谱分配算法设计原则

频谱分配方案需根据频谱占用情况自适应变化，设计频谱分配算法时要遵循以下原则。

1. 确保可变性

在认知无线电网络中，传感器会定时检测网络中的频谱占用状况。当检测到的频谱资源数据发生变化时，次用户必须立即相应地做出改变，否则容易影响主用户正常通信,因此频谱分配的前提是具有可变性。频谱分配的研究技术需要有较强的频谱退避和切换功能,并根据传感器检测的频谱资源信息采取最有效的分配方案,以防影响主用户通信。

2. 提高系统性能

系统性能是衡量频谱分配好坏的重要指标,不同场景下的频谱分配方案对最大化传输效率、分配公平性等要求也不同。在实际设计频谱分配算法时需要设计算法目标函数来提高系统性能,尽最大可能逼近最优状态。

3. 降低分配成本

频谱分配算法在设计时必须考虑认知无线电网络中的用户与用户之间和用户与控制器之间的信令复杂程度及算法运算耗时,信令越复杂,需要收集的信息就越多,开销越大。若算法耗费时间非常长,则算法运行效率低下,不满足算法的灵活性要求等。

二、相关研究现状

动态频谱管理技术自面世以来,众多学者对其展开相关研究。在认知无线电网络中,动态频谱管理模型可以分为频谱填充共享模型(overlay)和频谱衬垫共享模型(underlay)。应用算法主要分为两大类:一类是基于策略类的算法,这类算法涉及基于马尔可夫算法、基于博弈论(game theory)算法、基于图论(graph theory)算法、基于遗传算法(genetic algorithm,GA)、基于粒子群优化(particle swarm optimization,PSO)算法等;另一类则是基于学习类算法,这类算法以新兴起且蓬勃发展的基于强化学习的算法为代表。

(一) 国外研究现状

随着动态频谱管理技术的概念被提出,国外学者开始了相关领域的理论研究。早期的研究方向大多集中于基于策略类算法的动态频谱管理技术研究。近些年,随着人工智能、物联网技术的兴起,研究方向和重心更加倾向于基于学习类算法,如基于策略类的动态频谱管理技术算法研究。2014 年,穆图梅纳克希(Muthumeenakshi)等[13]首次提出了一种基于连续时间马尔可夫链(continuous-time Markov chain,CTMC)模型,该模型适用于主用户和次用户之间的动态频谱管理框架,旨在为次用户提供最佳频谱管理概率。仿真结果表明,次用户获得的吞吐量得到有效优化,所提出的频谱管理方案是有效的。部分研究进一步发展了马尔可夫模型来描述动态频谱访问的行为、分析网络的特性,并讨论了不同参数影响下的性能变化,其分析结果表明了建模和分析的有效性。此外,也有研究者为了实现对频谱实时的二次利用,提出了一种基于随机差分博弈的动态频谱管理模型。现有实验结果表明,动态频谱管理模型是有效的,准确地反映了时变的射频环境。2017年,奥洛耶德(Oloyede)等[14]提出了基于具有保留价格的第一价格拍卖过程,其中价格被用于分配无线电频谱以供短期使用。该模型允许次用户短期进入"频谱空穴"通信,以保护系统中的主用户的方式。同年,一种基于改进的图着色模型算法也被应用在无线电网络通信中。在该算法中,将次用户能力矩阵和干扰阈值矩阵约束添加到基于图着色模型中,以实现对次用户能力的有效控制及次用户之间干扰的量化。仿真结果表明,该算法不仅对次用户之间的干扰具有良好的控制能力,而且可以有效提高整个网络的吞吐量。也有部分研究采用基于马尔可夫链与频谱调制、频谱编码模型结合的新型频谱管理框架来处理上述问题。首先,利用马尔可夫链预测频谱未来的状态;其次,根据预测结果,应用频谱调制、频谱编码模型生成用于频谱访问的波形。仿真结果表明,该框架是实现频谱管理的较好解决方案,该方案不仅可以实现可靠的传输,而且可以提高频谱利用率。沙菲(Shafigh)等[15]实现了一种采用频谱交易的分布式物联网设备动态频谱管理新模型。在提出的解决方案中,物联网用户旨在通过提高频谱优化功能,确保频谱价格不超过频谱交易的接入收益,从而实现其频谱访问的优化。其中提出的一种新的围绕通信用户的网络架构表明,每个通信用户选择利用可用频谱的一部分来满足自我通信的需求,剩余部分用于频谱共享,可以有效地改善频谱资源紧张的问题。2020年,索非亚(Sofia)等[16]提出利用次用户之间基于干扰约束和满意度的定价游戏策略,旨在选择基于定价策略的游戏的获胜者,其克服了传统机制的弊端。仿真结果表明,所提机制提高了次用户的频谱效率。

上述提到的基于策略类的各种算法存在着共性的问题:一方面,基于策略类的算法前提是需要定义好一个使用当前场景的规则;另一方面,在运算分析处理时需要集中式的运行工作。总之，基于策略类的算法存在灵活性较低、适应性较弱的弊端。所以，在复杂多变的电磁频谱环境中表现结果不尽如人意。

近年来，随着机器学习的不断发展，新兴起且蓬勃发展的强化学习算法受到了众多学者的关注。2016年，科尔达利（Kordali）等[17]基于强化学习理论提出一种改进算法，把现有算法中的单一的更新规则调整为两种，在两种规则相互作用下，系统性能进一步提升。此外，为提高用户在服务质量方面的体验，部分研究在此基础上提出了一种认知信道调度选择方法，将频谱选择方案与分布式频谱共享机制相结合，进一步提高了整体网络的效率。而后，在深度学习技术的大力发展之下，一部分研究者开始采用基于深度 Q 网络的非协作动态频谱管理方法做出准确的系统状态预测。如 2019 年，纳帕斯特克（Naparstek）等[18]针对动态频谱管理技术面临的无线电网络中网络效用最大化的问题，提出了一种基于深度 Q 网络的分布式动态频谱管理算法，其所提算法中各用户间无须相互协调，以分布式的接入方式进行频谱管理。仿真结果表明，该策略显著降低了主用户、次用户之间产生碰撞的可能性，同时，收敛速度也得到了提升。而后，部分研究者针对动态频谱管理又提出了一种可以与不完全学习的模型配合使用的算法以加速无模型的强化学习。

就目前国外研究现状而言，可以看出动态频谱管理算法已经开始迈向强化学习领域并逐步发展改进。强化学习算法因其自身特性，应用于动态频谱管理技术中将具有更强的环境适应性。综上所述，将强化学习算法合理高效地应用于动态频谱管理算法是动态频谱管理技术的发展方向所在。

（二）国内研究现状

国内科研人员或学者对动态频谱管理技术的早期研究方向大多集中于基于策略类算法的动态频谱管理。近些年，随着人工智能、物联网技术的兴起，研究方向和重心逐步向基于学习类算法发展。2015年，张秘[19]分析了一种基于代价函数的动态频谱管理算法，主要考虑了认知无线电场景中多个次用户欲共享主用户频谱时的问题，并将该问题建模为垄断的市场竞争问题，建立了相应的博弈论模型以寻求次用户的最优频谱分配结果。而后，有一部分研究提出了多优先级轮询动态频谱接入策略。基于损失模型和马尔可夫排队论,计算出系统平均排队队列长度和时间等一系列指标参数。仿真结果表明,此模型下认知无线电网络模型的排队性能有明显提升。此外,也有一部分研究提出了集中式强化学习频谱分配算法,相比于以往的频谱分配策略,集中式强化学习频谱分配算法不仅能够大幅提升次用户的资源吞吐率,还能明显减少切换频谱的次数。

2019年,李彤等[20]基于博弈论提出了一种新的动态频谱管理算法,该算法在网络环境动态变换的情况下,也能够及时地更新频谱管理概率。除此之外,他们根据用户状态信息和反馈学习理论,实现了一种新的反馈学习策略。在此基础上,该研究还提出了一种基于斯塔科尔伯格(Stackelberg)博弈理论的方法,该方法能够有效解决网络频谱资源分配中多个主用户、次用户之间频谱资源共享不合理的问题。同年,一部分研究对感知与共享技术进行了研究分析,在频谱感知方面,进一步融合了量化数据。仿真结果表明,该策略能够很好地平衡反馈开销和性能表现二者之间的关系,在性能表现良好的情况下,也能维持较小的开销。还有学者基于空域维度的频谱复用,进一步优化了度量标准——带宽功率积(bandwidth-power product,BPP),使得系统资源分布的量化更加直接。[21]仿真结果表明,该分配机制在大幅优化网络资源吞吐量的同时,也尽可能地减少了对主用户的干扰。

2019年,张彦宇等[22]提出一种基于超密集认知网络的频谱资源管理方案。仿真结果表明,提出的功率控制策略是收敛且有效的,通过数值分析证明该方案不仅能够充分抑制次用户对主用户的干扰,而且能在一定程度上最大化用户的能量效率和频谱效率。2020年,王晓华等[23]基于部分可观察马尔可夫模型对无线通信系统进行建模,提出了一种混合均衡频谱管理方法。仿真结果表明,所提出的方法有效地降低了不同次用户间的冲突概率,有效地提高了系统的频带利用率。同年,滕志军等[24]提出了一种新的多态蚁群优化模型,这种模型基于时间效率且被用于动态频谱管理中,不仅一定程度上缓解了之前蚁群算法在收敛速度和搜索效率上的问题,也最大限度地降低了系统网络资源的浪费。仿真结果表明,该算法在有效缓解收敛周期长这个问题的同时,也能显著提高网络用户的查找效率,增加用户更高效接入可用频谱的可能性,进一步维护了系统资源分配的公正性,保证了系统整体吞吐量维持在一个较高的水平。也有部分研究者基于满意折现汤普森抽样算法将频谱感知次序和多摇臂赌博机问题联系起来。仿真结果表明,该算法在获得实时频谱空闲概率的同时,其用户接入频谱的机会也大幅增加。针对频谱共享问题,也有部分研究引入区块链技术提出新的频谱管理系统架构,在不止一个频谱管理系统的情况下效果显著,如典型的三层式的基于区块链的认知无线电系统。在此基础上,一些研究者提出了多时间尺度实现网络切片之间的资源分配,确保了网络切片能够尽可能地互不影响,简化了分配网络资源的过程。

近年来,随着强化学习的兴起与发展,国内学者的主要研究集中于基础的强化学习方法。2015年,黄影等[25]首次从 Q-learning 的方向出发,提出了一种新的动态频谱管理算法,其中网络用户申请信道的依据来源于 Q-learning 算法,而用户申请的处理则依据系统资源的占用情况。仿真结果表明,该改进模型既保证了系统的总体表现情况较好,也很大程度上缓解了频谱需求不足的问题。2018年,张亚洲等[26]设计了一种基于 Q-learning 的动态频谱管理算法,次用户具有主动学习的能力并逐渐养成接入最优信道的经验。仿真结果表明,这不仅能够显著减少用户之间的冲突次数,也保证了次用户的吞吐量。部分研究者引入了一种采用 Q-learning 的分布式工业物联网(industrial internet of things,IIOT)动态频谱管理算法。实验结果表明,该方法优于传统的简化访问方法。目前,大部分研究者为了解决频谱管理问题,大量引入深度强化学习方法,利用其无模型控制的特点,以解决复杂电磁频谱环境下的频谱管理问题。现有实验结果均表明,采用深度 Q 网络等方法可以有效地提高信息传输成功率和信息可靠度。特别地,为了激励群智感知系统积极地参与频谱感知,部分研究从信誉值拍卖角度出发,提出了新的感知收益分配算法。仿真结果表明,所提算法保障了感知收益分配的公平性,提升了频谱感知的稳定性与安全性。

近年来,越来越多的国内学者看到了强化学习算法在诸多领域取得的成绩,因而也逐步开始了基于强化学习算法的认知无线电网络研究。最近的研究表明,将多智能体强化学习的理论研究应用于认知无线电网络的频谱管理是应对挑战的可行方法。[27]由于认知无线电网络必须具备足够的计算智能才能根据外部网络环境选择合适的传输参数,因此它必须能够从历史经验中学习,并根据当前环境调整自己的行为。这种方法能很好地解决小型拓扑网络的问题。然而当应用于大规模网络时,它的性能往往很差。这些网络通常有大量的未授权和授权用户,以及多种可能的传输参数。实验结果表明,随着网络规模的扩大,认知无线电网络的性能会急剧下降。因此,需要算法应用函数近似技术来扩大大规模认知无线电网络的强化学习规模。

本章的工作重点是具有分散控制功能的认知无线电自组织网络。认知无线电的自组织架构如图 5-1-1 所示。其可分为两组用户:主网络和认知无线电自组织网络。主网络由拥有在某一频段运行许可的主用户(primary users,PUs)组成。认知无线电自组织网络由认知无线电用户(cognitive radio users,CRUs)组成,它们与已获得频谱分配的许可用户共享无线信道。在这种架构下,认知无线电用户需要持续监控频谱以确定是否存在主用户,并根据更高层次的需求和要求重新配置无线电前端。[28]

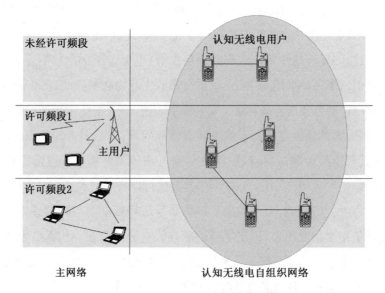

图 5-1-1　认知无线电的自组织架构

如图 5-1-2 所示,这种能力可以通过由以下频谱功能组成的认知循环来实现:①确定当前可用的频谱部分(频谱感知);②选择最佳可用信道(频谱决策);③与其他用户协调访问该信道(频谱共享);④在检测到许可用户时有效地腾出信道(频谱迁移)。

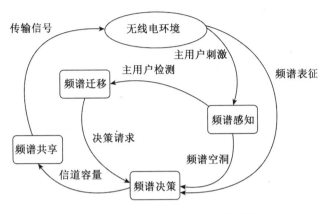

图 5-1-2 认知无线电自组织架构的循环

本章将介绍一种基于强化学习的解决方案,它允许每对发送方-接收方在连接和干扰约束条件下本地调整其频谱与发射功率。本章将其建模为一个多智能体学习系统,其中每个动作,即功率水平和频谱的选择,都能根据最大化的效用获得奖励。对基于强化学习的方法进行评估,结果表明该方法在小型拓扑网络中效果良好,而在大型拓扑网络中效果不佳。研究表明,由于大规模认知无线电网络状态-动作空间巨大,其通常很难通过强化学习来解决。因此,对于真正的认知无线电网络来说,使用较小的近似值表而不是原始状态-动作值表是必要的。随后应用函数近似技术来缩小状态-动作值表的大小。研究结论表明,函数近似技术可以提高基于强化学习的认知无线电方法的能力。

第二节 基于强化学习的认知无线电

一、问题表述

在本章中,假设网络由 PU 和 CR 用户组成,每个 PU 与另一个 CR 用户配对形成发射方-接收方对。PU 存在于与无线电网络节点空间重叠的区域。CR 用户在选择频谱和传输功率时的决策与邻近的其他用户无关。同时假设有完美的感知能力,若 CR 用户位于 PU 的传输范围内,则 CR 用户可以正确推断出 PU 的存在。此外,在发生冲突时,CR 用户还能检测冲突节点是 PU 发射方还是 CR 接收方。通过保持 PU 发射功率比 CR 用户的功率高一个数量级来模拟这种情况,这在使用电视发射机等情况下是现实的。如果接收方在进行能量检测时观察到接收的信号能量比只接收 CR 用户的信号能量高出几倍,它就会识别出与 PU 发生了冲突,并通过频带外控制信道将这一情况反馈给发送方。由于 PU 接收方位置未知(由于同时进行传感器传输而在 PU 接收方位置发生冲突),所有此类情况都会被标记为 PU 干扰,因此提出的方法是保守的,它高估了干扰对 PU 的影响以保障其性能。

CR 用户对频谱的选择 i 实质上是对可用频率集合中由 $F^i \in F$ 表示的频率的选择。CR 用户在每个时段都会持续监测自己选择的频谱。选择的信道是离散的并且在连续的时段内可以从任何一个信道跳转到另一个信道。

CR 用户 i 选择的发射功率为 P_{tx}^i,传输范围和干扰范围分别用 R_t 和 R_i 表示,模拟器使用自由空间路径损耗方程来计算入射到接收器的衰减功率 P_{rx}^j:

$$P_{rx}^j = \alpha \cdot P_{tx}^i \{D^i\}^{-\beta}$$

其中,路径损耗指数 $\beta = 2$。所选的功率值是离散的并且在连续的时段内可以从任何给定值跳转到另一个值。

二、认知无线电的应用

在认知无线电网络中,如果将每个认知用户视为一个智能体,将无线电网络视为外部环境,那么认知无线电就可以被表述为一个系统。在这个系统中,通信智能体可以感知环境、学习并调整其传输参数以最大限度地提高通信性能。这种建模方式非常适合强化学习。

基于多智能体强化学习的认知无线电如图 5-2-1 所示。每个认知用户都是一个使用强化学习的智能体。首先,这些智能体进行频谱感知并感知其当前状态,即频谱和传输功率。其次,它们做出频谱决策,并利用频谱流动性选择动作,即切换频道或改变功率值。最后,智能体利用频谱共享来传输信号。通过与无线电环境的交互,这些智能体可获得传输奖励,这些奖励将作为下一个感知和传输周期的输入。

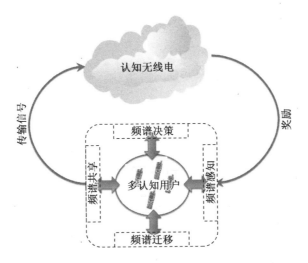

图 5-2-1　基于多智能体强化学习的认知无线电

强化学习中的状态是指智能体在环境中能感知到的一些信息。在基于强化学习的认知无线电中,智能体的状态是其传输的当前频谱和功率值。多智能体系统的状态包括每个智能体的状态。因此,将系统在 t 时的状态 s_t 定义为

$$s_t = (\boldsymbol{F}, \boldsymbol{P}_{\text{tx}})_t$$

其中,$\boldsymbol{F}$ 是频谱向量,$\boldsymbol{P}_{\text{tx}}$ 是所有智能体的功率值向量。这里的 F^i 和 P_{tx}^i 分别是第 i 个智能体的频谱和功率值,其中 $F^i \in \boldsymbol{F}, P_{\text{tx}}^i \in \boldsymbol{P}_{\text{tx}}$。通常,如果存在 m 个频谱和 n 个功率值,可以使用索引来指定这些频谱和功率值,这样就有 $\boldsymbol{F} = \{1, 2, \cdots, m\}$ 和 $\boldsymbol{P}_{\text{tx}} = \{1, 2, \cdots, n\}$。

强化学习中的动作是指智能体在特定时间、特定状态下的行为。在基于

强化学习的认知无线电中,动作 a 允许智能体从当前频谱切换到 F 中新的可用频谱,或从当前功率值切换到 P_{tx} 中新的可用功率值。在此将 t 时的动作 a_t 定义为

$$a_t = (k)_t$$

其中,k 是所有智能体的动作向量。k_i 是第 i 个智能体的动作,并且 $k_i \in$ \{jump_spectrum,jump_power\}。

强化学习中的奖励是对环境中特定状态下智能体动作可取性的衡量。在基于强化学习的认知无线电中,奖励与网络性能密切相关。不同观测场景下的奖励水平比较如图 5-2-2 所示。

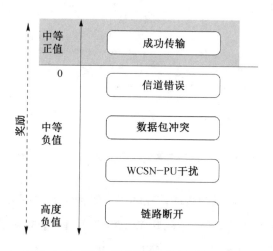

图 5-2-2　不同观测场景下的奖励水平比较

(1) WCSN-PU 干扰。若 PU 在 CR 用户使用的相同时段和相同频谱中发射信号,则将对其处以 -15 的高额惩罚。巨额负奖励的直观原理是应遵循严格保证许可设备使用频谱的基本通信原则。

(2) 数据包冲突。若一个数据包与另一个同时传输的 CR 用户发生冲突,则会受到 -5 的惩罚。轻度负奖励的直观原理是 CR 用户之间的冲突会降低链路吞吐量,因此应该避免。网络内冲突对 CR 用户的惩罚相对较低,目的是通过鼓励用户选择不同的频带(如果可用),迫使他们公平分享可用频谱。

(3) 信道错误。如果传输的数据包出现任何信道导致的错误，就会施加-5 的惩罚。轻度负奖励的原理是，某些频段由于衰减率较低，因此对信道错误具有更强的鲁棒性。通过优先选择误包率最低的频段，CR 用户可以减少重传和相关的网络延迟。

(4) 链路断开。如果接收功率 P_{rx}^j 小于接收器的阈值 P_{rth}（此处假定为 -85 dBm），那么所有数据包都会被丢弃，并施加-20 的突然惩罚。因此，发送方应迅速提高发送功率，以便重新建立链路。

(5) 成功传输。若在给定的传输时段内未观察到上述任何情况，则数据包成功从发送方传输到接收方，并获得+5 的奖励。

这样就可以应用多智能体强化学习来解决认知无线电问题。

第三节 实验模拟

本节介绍了在认知无线电模型中应用多智能体强化学习的初步结果，提出的基于学习方法的总体目标是让 CR 用户（智能体）决定对发射功率和频谱的最佳选择，从而使 PU 不受影响，并且 CR 用户公平地共享频谱。

一、模拟设置

第四章第一节所述的新型 CR 网络模拟器旨在研究提出的强化学习技术对网络运行的影响。如图 5-3-1 所示，模型由对 $ns-2$ 的应用层、连接层和物理层的若干修改组成，采用独立的 C++ 模块形式。PU 活动区块根据开-关模型描述 PU 的活动，包括其传输范围、位置和使用的频谱带。频谱块包含一个信道表，其中包含背景噪声、容量和占用状态。频谱感知区块实现了基于能量的感知功能，如果检测到 PU，就会通知频谱管理区块。如此反过来又会使设备切换到下一个可用信道，并警告上层频率的变化。频谱共享区块负责协调分布式信道访问，并计算网络中正在进行的传输对任何给定节点造成的干扰。跨层存储库促进了不同协议栈层之间的信息共享。

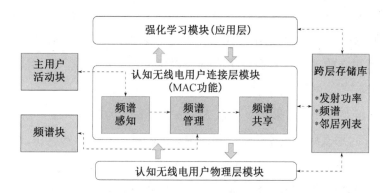

图 5-3-1　基于强化学习的认知无线电所实现的模拟器工具框图

本章对两种拓扑结构进行了模拟研究:一种是总共有 9 个 CR 用户的 3×3 网格(小型拓扑),另一种是在边长为 1 000 米的正方形区域内随机部署不同的 CR 用户("真实世界"拓扑)。

在小型拓扑结构中,假设有 4 个频带,由集合 $F=\{50\text{ MHz}, 500\text{ MHz}, 2\text{ GHz}, 5\text{ GHz}\}$ 给出,此外仍有 4 个发射功率值、2 个 PU。

在"真实世界"拓扑结构中,假设有 100 个频谱带(在 50 MHz 到 5 GHz 范围内选择)和 20 个发射功率值(均匀分布在 0.5 mW 到 4 mW 之间)。总共有 25 个 PU。每个 PU 都被随机分配一个默认信道,并以 0.4 的概率保持在该信道中。它还可以切换到另外三个预先选择的连续放置的信道,概率依次递减,分别为 0.3、0.2、0.1。因此,PU 具有在给定信道上处于活动状态的底层分布,但这对于 CR 用户来说是未知的。CR 网络中的传输发生在多组预先确定的节点对上,每组节点对构成一条链路,表示为 (i,j)。(i,j) 表示从发送方 i 节点到接收方 j 节点的定向传输。频谱的选择由发送方节点做出,并通过公共控制信道(common control channel,CCC)传递给接收方。该 CCC 还用于向发送方反馈接收方可能遇到的冲突。然而,数据传输只发生在形成链路的节点对所选择的频谱。还需考虑要划分的时间,并且每个发送方节点的链路层都会尝试在每个时段中以概率 $p=0.2$ 进行传输。

本章将基于强化学习的方案与其他三种方案的性能进行了比较:①随机分配,即在每一轮中选择频谱和功率的随机组合;②历史记录为 1 的贪婪分配

(G-1);③历史记录为20的贪婪分配(G-20)。G-1算法为每个可能的频谱和功率组合存储上次选择该组合时获得的奖励(如果有)。该算法以概率η选择上次奖励最高的组合,并以概率$1-\eta$探索随机选择的组合。G-20算法保存了过去20个时段中每种功率和频谱组合所获得的奖励,并选择过去20个时段中的最佳组合。与G-1算法类似,G-20算法以概率$\eta=0.8$从历史中选择已知的最佳组合,并以概率$(1-\eta)=0.2$探索随机选择的组合。在基于强化学习的方案中,发现将探索率设定为0.2能为实验带来最佳效果。初始学习率α设定为0.8,每个时段后降低为原来的0.995。请注意,G-1使用的内存与基于强化学习的方案相同,但G-20使用的内存是其20倍。

二、模拟评估

本章将随机、G-1、G-20和基于强化学习的四种方案应用于小型拓扑结构。本章收集了超过30 000个时段的结果,并记录了成功传输的概率、CR用户的平均奖励及CR用户的信道切换的次数,然后绘制这些值随时间变化的曲线。每个实验进行5次,展示了记录值的平均值和标准差。在实验中,所有运行都在迭代30 000次内收敛。

图5-3-2(a)显示了将四种方案应用于小型拓扑结构时成功传输的平均概率。结果显示,基于强化学习的方案传输成功数据包的平均概率约为97.5%,而G-20、G-1和随机方案传输成功数据包的平均概率分别约为88.2%、79.4%和48.7%。结果表明,经过学习后,基于强化学习的方法能有效保证数据的成功传输,并且其性能远远优于其他方法,包括使用内存量多出一个数量级的G-20方案。

图5-3-2(b)显示了将四种方案应用于小型拓扑结构时CR用户获得的相应平均奖励。结果显示,经过学习后,基于强化学习的方案获得的正奖励最大,约为+4.3;而G-20获得的奖励约为+1.7;G-1获得约-0.8的平均负奖励;随机方案获得约-7.5的平均负奖励。结果表明,基于强化学习的方法促使CR用户逐步获得更高的正奖励,并选择更合适的频谱和功率值进行传输,而且奖励往往与成功传输的概率成正比。

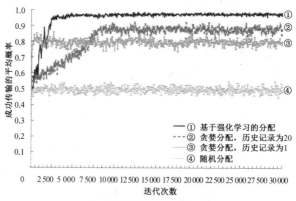

(a)成功传输的平均概率

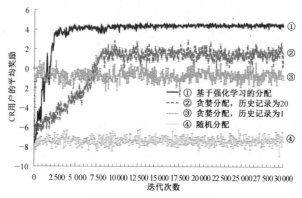

(b) CR 用户的平均奖励

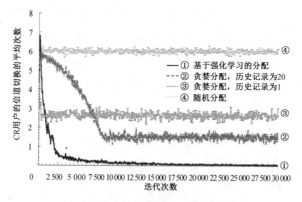

(c) CR 用户的信道切换的平均次数

图 5-3-2 小型拓扑的性能[1]

---

[1] 对应彩图见书末插页。

图 5-3-2(c)显示了采用四种方案解决小型拓扑结构时 CR 用户的信道切换的平均次数。结果显示,经过学习后,基于强化学习的方案倾向于消除信道切换,而 G-20 的信道切换水平约为 1.5,G-1 为 2.6,随机方案约为 6.0。结果表明,基于强化学习的方法能够将信道切换保持在非常低的水平,同时方法可以在学习后收敛到成功传输的最佳解决方案。

从图 5-3-2 可进一步观察到,与其他方法相比,基于强化学习的方案更具可行性且更可预测。这些结果表明,本章的方法比 G-20、G-1 和随机方法更稳定。

本章将基于强化学习的方案应用于"真实世界"拓扑结构,重点研究了五种不同的节点密度,即在边长为 1 000 米的正方形区域内随机放置 100、200、300、400 和 500 个节点。本章收集了超过 60 000 个时段的结果,并记录了成功传输的平均概率、CR 用户的平均奖励及 CR 用户的信道切换的平均次数,然后绘制了这些值随时间变化的曲线。每个实验进行 5 次,展示了记录值的平均值和标准差。

图 5-3-3(a)显示了将基于强化学习的方案应用于"真实世界"拓扑结构时成功传输的平均概率。结果显示,基于强化学习的方案在有 100 个节点的拓扑结构中成功传输数据包的平均概率约为 100%,在有 200 个节点的拓扑结构中约为 99.8%,在有 300 个节点的拓扑结构中约为 91.6%,在有 400 个节点的拓扑结构中约为 81.3%,在有 500 个节点的拓扑结构中约为 79.1%。

图 5-3-3(b)显示了在大型拓扑结构中应用同样的方案时 CR 用户相应的平均奖励。结果显示,经过学习后,基于强化学习的方案在 100 节点的拓扑结构中获得的平均奖励最大,约为 5;在 200 节点的拓扑结构中约为 4.9;在 300 节点的拓扑结构中约为 -4.6;在 400 节点的拓扑结构中约为 -9.2;在 500 节点的拓扑结构中约为 -9.9。

图 5-3-3(c)显示了在大型拓扑结构中应用同样方案时 CR 用户的信道切换平均次数。结果表明,经过学习后,基于强化学习的方案在 100 节点和 200 节点的拓扑结构中可将信道切换次数减少到大约 0 次,在 300 节点的拓扑结构中约为 17.4 次,在 400 节点的拓扑结构中约为 45.8 次,在 500 节点的

拓扑结构中约为 61.5 次。

在"真实世界"拓扑结构中,强化学习技术表现出两个关键特征:①随着"真实世界"拓扑结构规模的扩大,基于强化学习的方案的性能下降。具体地说,随着节点数量的增加,CR 用户成功传输的平均概率和平均奖励降低,CR

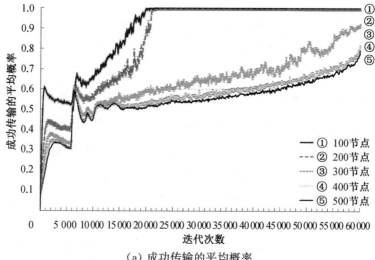

(a) 成功传输的平均概率

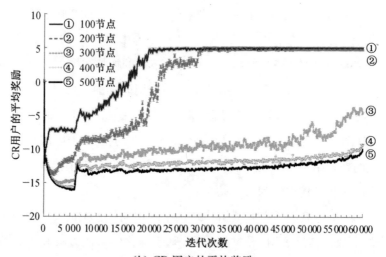

(b) CR 用户的平均奖励

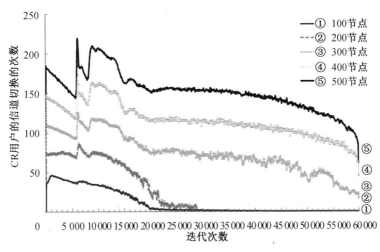

(c) CR 用户的信道切换的平均次数

图 5-3-3　实际拓扑结构在五种不同节点密度下的性能[①]

用户的信道切换的平均次数增加。②随着"真实世界"拓扑结构规模的扩大,基于强化学习的方案需要更多的时间来收敛。需要强调的是,基于强化学习的方案会受到复杂网络行为的影响,并在收敛到静态值之前会出现不同的次优峰值。以前发表的任何研究文献都没有模拟过如此庞大的网络。

第四节　基于强化学习的认知无线电函数近似技术

与其他方法相比,基于强化学习的认知无线电技术能提供更好的网络性能。然而,基于强化学习的方法要求为每个状态存储估计值,这极大地限制了可求解的 CR 网络的规模和复杂性。例如,若节点数量、频谱值或传输功率级别非常大,则需要更多的内存和时间来寻找解决方案,通常会使问题更加难以解决。存储这种大型 Q 值表所需的内存可能会大大超过随机和贪婪方法所需的内存。因此,需要减少用于大规模 CR 网络内存大小的算法。函数近似

---

① 对应彩图见书末插页。

就是一种非常适合解决这一问题的算法。

本章将基于 Kanerva 函数近似的 RL 方法(基于 RL-K 的方法)应用于具有 500 个节点的"真实世界"拓扑中来对其进行评估。本章比较了基于 RL-K 的方案和基于 RL 的方案的性能。在基于 RL-K 的方法中,学习参数与基于 RL 的方法相同。每个 CR 用户的原型数量在以下数值变化:500、1 000、1 500。请注意,在"真实世界"拓扑中,每个 CR 用户的状态数量为 2 000,即 100(信道)×20(功率值)。

图 5-4-1 显示了在大型拓扑结构中采用不同原型数量的基于 RL-K 的方案时成功传输的平均概率。结果显示,经过学习后,具有 500、1 000 或 1 500 个原型的基于 RL-K 的方案成功传输数据包的平均概率分别约为 63.5%、67.6% 和 78.1%。与使用内存为每个 CR 用户存储 2 000 个 Q 值的基于传统 RL 的方案相比,基于 RL-K 的方案分别只需要 2/3、1/2 和 1/4 的内存来存储 1 500、1 000 或 500 个原型的 Q 值。结果表明,虽然基于 RL-K

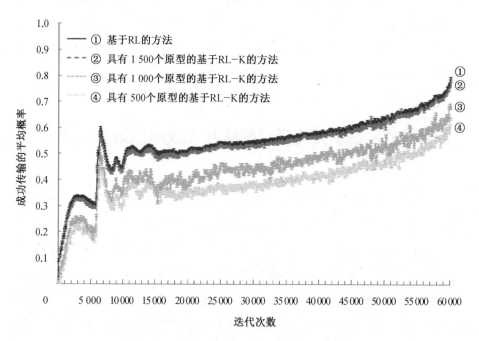

图 5-4-1　具有 500 个节点的"真实世界"拓扑的成功传输的平均概率

的方案的性能比基于 RL 的方案差,但基于 RL-K 的方案可以使用更少的空间来存储 Q 值表的近似值。例如,在使用 1 500 个原型的情况下,基于 RL-K 的方案使用的内存是纯 RL 方案的 2/3,而成功传输的损失仅为 1.3%;在使用 1 000 个原型的情况下,基于 RL-K 的方案使用的内存是纯 RL 方案的 1/2,而成功传输的损失仅为 14.5%。结果还表明,如果原型数量太少,其性能与随机选择信道和功率值类似。在今后的工作中,本研究项目将重点利用原型优化技术来提高基于 Kanerva 函数近似的效率,以用于基于强化学习的认知无线电。

第五节 本章小结

认知无线电技术是一种革命性的无线通信方式,旨在有效利用空闲的频谱资源,提高无线电网络的频谱使用效率。CR 系统通过感知周围环境,并在不干扰原有许可用户的前提下,动态地选择频段和调整传输参数(如发射功率和频道分配)来实现通信。这种智能化的频谱管理在理论和实践上都极具挑战,尤其是在复杂的、多用户和多任务的大规模网络环境中。

在小型网络中,基于强化学习的频谱管理方法已被证明是有效的,因为环境相对简单,学习和决策过程容易实现。然而,当网络规模扩大到包含成百上千个节点时,单一的 RL 代理将面临具有巨大状态和动作空间的问题,导致计算复杂度和内存需求急剧增加。此外,大规模网络中的动态性和不确定性也显著增加,使得传统 RL 方法难以直接应用。

为了解决这一问题,本章介绍了一种基于多智能体强化学习的方法,用于管理分散控制的 CR 自组织网络的频谱。在这种框架中,每个 CR 节点作为一个智能体,独立地学习如何根据局部观测进行频谱接入决策。这种方法的关键在于将问题分解成多个较小的、可管理的子问题,每个智能体只负责一个局部的决策任务。通过这种方式,可以降低整体系统的复杂性,同时保持良好的系统性能。

进一步地，为了提高大规模CR网络中的学习效率和降低资源消耗，引入了基于Kanerva编码的函数近似技术。Kanerva编码是一种稀疏分布式的记忆模型，其通过构建一个高维空间的点阵来存储和检索信息。在CR网络的频谱管理中应用Kanerva编码，可以大幅减少所需的内存，因为它允许系统通过一种高效的方式来近似和压缩状态空间，而无须显式地枚举所有可能的状态。

本章的研究展示了基于Kanerva编码的函数近似技术在大规模CR网络中的有效性。通过在模拟环境中的实验评估后发现，与传统的RL方法相比，基于Kanerva编码的方法在处理大规模网络时，不仅能够显著减少计算资源的消耗，而且能够维持甚至提高通信性能。具体而言，函数近似技术成功地减少了内存使用，而且在保证CR网络中高成功传输概率的同时，有效地减少了对许可用户的干扰。

通过整合多智能体强化学习和基于Kanerva编码的函数近似技术，本章的方法不仅解决了大规模认知无线电网络中的频谱管理问题，而且提高了整个网络的操作效率和性能。这种新的频谱管理策略为未来的无线通信网络设计提供了一种可行的解决方案，特别是在频谱资源日益紧张和用户需求不断增长的背景下，展示了巨大的应用潜力和商业价值。

参考文献

[1] Bellman R, Dreyfus S. Functional approximations and dynamic programming[J]. Mathematics Tables and Other Aids to Computation, 1959, 13(68): 247-251.

[2] Cristianini N, Shawe-Taylor J. An introduction to support vector machines and other kernel-based learning methods[M]. Cambridge: Cambridge University Press, 2000.

[3] Ratitch B, Precup D. Sparse distributed memories for on-line value-based reinforcement learning[C]//ECML: 15th European Conference on Machine Learning. Heidelberg: Springer, 2004: 347-358.

[4] Eiben A E, Smith J E. Introduction to evolutionary computing[M]. Heidelberg: Springer, 2015.

[5] Keller P W, Mannor S, Precup D. Automatic basis function construction for approximate dynamic programming and reinforcement learning[C]//ICML: 23rd international conference on Machine learning. New York: Association for Computing Machinery, 2006: 449-456.

[6] Kostiadis K, Hu H S. KaBaGe-RL: Kanerva-based generalisation and

reinforcement learning for possession football[C]//2001 IEEE/RSJ International Conference on Intelligent Robots and Systems. Expanding the Societal Role of Robotics in the the Next Millennium. New York: IEEE, 2001: 292-297.

[7] Isler V, Kannan S, Khanna S. Randomized pursuit-evasion with local visibility[J]. SIAM Journal on Discrete Mathematics, 2006, 20(1): 26-41.

[8] Murrieta-Cid R, Monroy R, Hutchinson S, et al. A complexity result for the pursuit-evasion game of maintaining visibility of a moving evader[C]//2008 IEEE International Conference on Robotics and Automation. New York: IEEE, 2008: 2 657-2 664.

[9] Wu C, Meleis W. Function approximation using tile and Kanerva coding for multi-agent systems[C]//8th International Conference on Autonomous Agents and Multi-Agent Systems. Richland: AAMAS, 2009.

[10] Wu C, Meleis W. Fuzzy Kanerva-based function approximation for reinforcement learning[C]//8th International Conference on Autonomous Agents and Multiagent Systems. Richland: AAMAS, 2009: 1257-1258.

[11] Berenji H R, Vengerov D. On convergence of fuzzy reinforcement learning[C]//IEEE International Conference on Fuzzy Systems. New York: IEEE, 2001: 618-621.

[12] Tokarchuk L, Bigham J, Cuthbert L. Fuzzy sarsa: An approach to fuzzifying sarsa learning[C]//International Conference on Computational Intelligence for Modeling, Control and Automation. Gold Coast: Control and Automation, 2004.

[13] Muthumeenakshi K, Radha S. A generalized markovian based framework for dynamic spectrum access in cognitive radios[J]. KSII Transactions on Internet and Information Systems, 2014, 8(5): 1 532-1 553.

[14] Oloyede A A, Bello L, Grace D. Energy efficient auction based dynamic spectrum access network[J]. IIUM Engineering Journal, 2017, 18(1):73-83.

[15] Shafigh A S, Glisic S, Hossain E, et al. User-centric distributed spectrum sharing in dynamic network architectures[J]. IEEE/ACM Transactions on Networking, 2019, 27(1):15-28.

[16] Sofia D S, Edward A S. Distributed auction mechanism for dynamic spectrum allocation in cognitive radio networks[C]//International Conference on Innovative Data Communication Technologies and Application. Cham: Springer, 2020:172-180.

[17] Kordali A V, Cottis P G. A reinforcement-learning based cognitive scheme for opportunistic spectrum access[J]. Wireless Personal Communications, 2016, 86(2):751-769.

[18] Naparstek O, Cohen K. Deep multi-user reinforcement learning for distributed dynamic spectrum access[J]. IEEE Transactions on Wireless Communications, 2019, 18(1):310-323.

[19] 张秘. 浅析基于博弈论的动态频谱接入[J]. 中国新通信, 2015, 17(12):37.

[20] 李彤, 苗成林, 吕军, 等. 基于Stackelberg博弈的动态频谱接入控制[J]. 电讯技术, 2019, 59(4):375-382.

[21] Hu G, Zhang L Y, Chen D J. The research on multiuser resource allocation optimization in cognitive radio[J]. Journal of Physics: Conference Series, 2019, 1213(5):052079.

[22] 张彦宇, 吴俊, 方志军, 等. 基于SCA的新型软件无线电系统设计与实现[J]. 无线电通信技术, 2019, 45(4):362-367.

[23] 王晓华. 面向认知无线通信的动态频谱接入技术[J]. 信息技术, 2020, 44(11):137-141.

[24] 滕志军, 滕利鑫, 谢露莹, 等. 基于多态蚁群优化算法的认知无线电动

态频谱接入策略[J]. 江苏大学学报(自然科学版), 2020, 41(2): 230-236.

[25] 黄影, 严定宇, 李男. 动态频谱接入的 Q 学习优化算法[J]. 西安电子科技大学学报, 2015, 42(6): 179-183.

[26] 张亚洲, 周又玲. 基于 Q-learning 的动态频谱接入算法研究[J]. 海南大学学报(自然科学版), 2018, 36(1): 9-15.

[27] Wu C, Chowdhury K, Di Felice M, et al. Spectrum management of cognitive radio using multi-agent reinforcement learning[C]//9th International Conference on Autonomous Agents and Multiagent Systems. Richland: AAMAS, 2010: 1 705-1 712.

[28] Akyildiz I F, Lee W Y, Chowdhury K R. CRAHNs: Cognitive radio ad hoc networks[J]. Ad Hoc Networks, 2009, 7(5): 810-836.

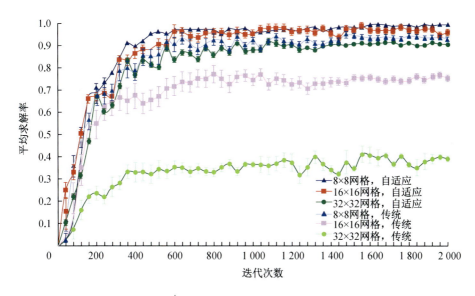
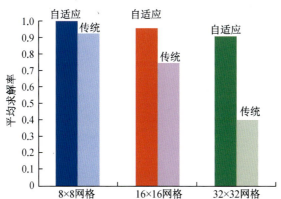

图 2-3-1 自适应 Kanerva 编码和传统 Kanerva 编码的 Q-learning 的测试实例的平均求解率

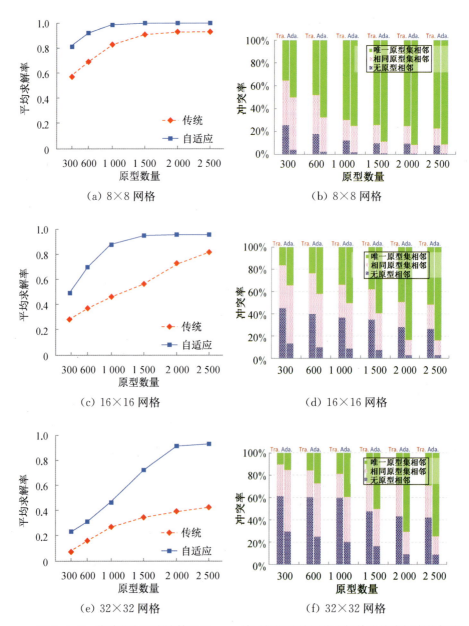

图 3-2-3 传统和自适应的基于 Kanerva 的函数近似的测试实例的平均求解率及与无原型相邻和与相同原型相邻的状态-动作对的冲突率

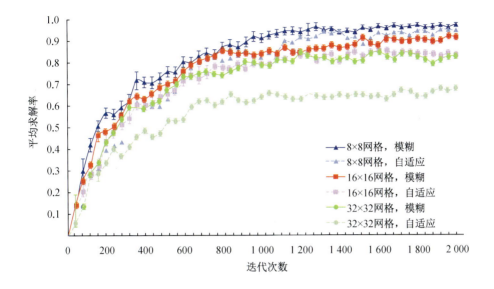

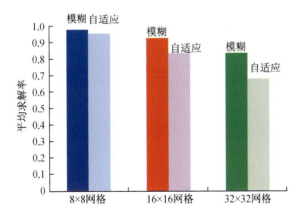

图 3-3-3 自适应模糊 Kanerva 编码的平均求解率

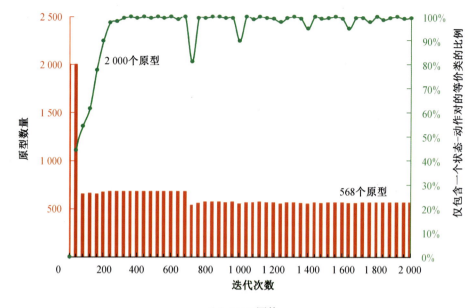

(a) 8×8 网格

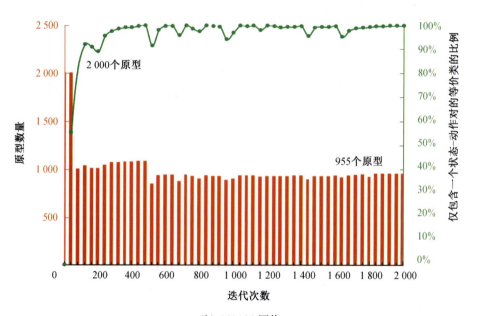

(b) 16×16 网络

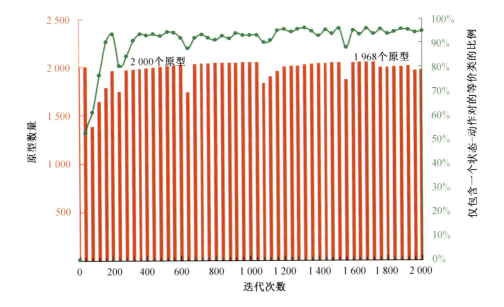

(c) 32×32 网格

图 4-3-2 基于粗糙集的 Kanerva 对原型数量和等价类比例的影响

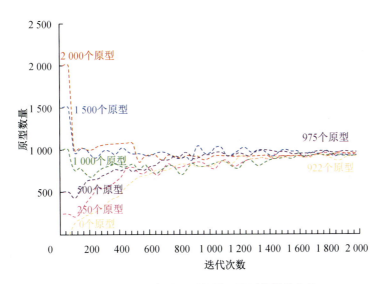

图 4-4-1 不同初始原型数量下原型数量的变化

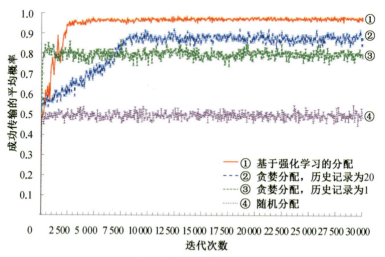

(a) 成功传输的概率

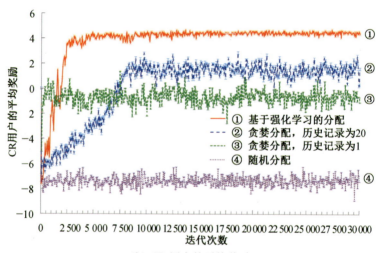

(b) CR 用户的平均奖励

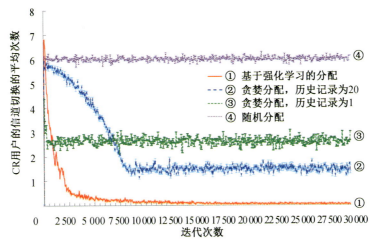

(c) CR 用户的信道切换的平均次数

图 5-3-2 小型拓扑的性能

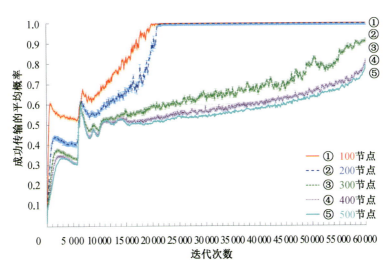

(a) 成功传输的概率

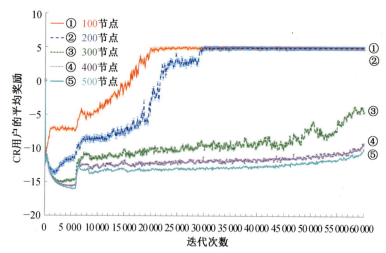

(b) CR 用户的平均奖励

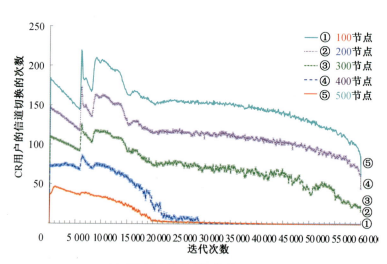

(c) CR 用户的信道切换的平均次数

图 5-3-3 实际拓扑结构在五种不同节点密度下的性能